DRAINAGE

L'ART DE TRACER ET D'ÉTABLIR LES DRAINS.

PARIS. — IMPRIMERIE DE J.-B. GROS, RUE DES NOYERS, 74.

DRAINAGE

L'ART DE TRACER

ET

D'ÉTABLIR LES DRAINS

PAR

J. GRANDVOINNET,

INGÉNIEUR,

Professeur de génie rural à l'école impériale d'agriculture de Grignon.

PARIS

LIBRAIRIE CENTRALE D'AGRICULTURE ET DE JARDINAGE,

QUAI DES GRANDS-AUGUSTINS, 41.

— Auguste GOIN, éditeur. —

1855

AVERTISSEMENT.

L'importance du *drainage* n'est plus guère contestée de nos jours, et si, dans la plus grande partie de la France, cette opération n'est pas aussi absolument indispensable qu'en Angleterre, au moins est-il reconnu que pour une portion assez étendue de notre territoire, son effet sera tout aussi avantageux que chez nos voisins d'outre-Manche, et que, pour une grande partie du restant, il constituera encore une très-bonne amélioration.

Nous supposerons donc le lecteur parfaitement convaincu de l'efficacité du drainage, et de plus, par la lecture des nombreux ouvrages parus jusqu'à ce jour, possédant une certaine connaissance des méthodes et des effets.

Le but de cet ouvrage est de servir de *guide pratique* au draineur commençant, dans le moment le plus critique de tout travail, de toute amélioration, surtout en agriculture, c'est-à-dire au jour où doivent commencer les travaux.

En d'autres termes, nous nous occuperons tout spécialement de la question D'EXÉCUTION, et nous la traiterons avec tous les détails nécessaires à l'initiation complète d'un agriculteur possédant seulement les connaissances mathématiques élémentaires.

SOMMAIRE.

EXÉCUTION DU DRAINAGE.

1re Partie. — Tracé des drains.

L'ART
DE
TRACER ET D'ÉTABLIR LES DRAINS.

SECTION Ire.

FORMES DU TERRAIN A DRAINER.

CHAPITRE PREMIER.

Importance de la connaissance du relief du terrain.

Tracer un drainage, c'est fixer la *direction*, la *position* et la *profondeur* des différentes saignées d'assainissement sur un terrain quelconque. Or, la détermination de ces trois éléments du tracé dépend essentiellement de la connaissance de la forme du terrain, qu'il importe évidemment de connaître pour placer les conduits des saignées dans la meilleure direction pour l'arrivée de l'eau éparse dans le sol et pour l'écoulement le plus convenable de l'eau superflue jusqu'en dehors du terrain drainé ; des erreurs très-dommageables dans le tracé des drains sont souvent la conséquence de la copie servile d'un autre drainage bien disposé, mais qui se trouve, sans que l'imitateur s'en aperçoive, dans une position différente, soit comme nature de sol, soit comme profondeur ou épaisseur des diverses couches, soit enfin comme relief ou forme de la surface.

Ce n'est qu'en déterminant les pentes, et par suite le relief, que l'on s'assure de la possibilité du drainage; que l'on fait un choix judicieux du système à employer et, enfin, que l'on fixe d'une manière certaine la position la plus convenable des divers *collecteurs* et, en particulier, du collecteur général destiné à écouler, en dehors du champ, l'eau provenant des saignées de desséchement.

Le relief du sous-sol n'est pas absolument semblable à celui du sol, et parfois ils diffèrent même sensiblement l'un de l'autre, surtout dans des terrains de vaste étendue : aussi, la connaissance de l'épaisseur des couches du sous-sol et leurs directions est-elle une nécessité. On parvient à déterminer ces derniers éléments du tracé soit par des sondages faits avec la sonde à main, soit plutôt par de petits puits ou des tranchées d'essais faits en différents points à une profondeur suffisante. Les draineurs consciencieux ne négligent jamais ce travail que beaucoup de praticiens dédaignent comme ressemblant trop à de la science. La figure 1 représente une de ces tranchées en plan et en coupes. L'intérieur

Fig. 1.

est une espèce de pyramide tronquée renversée dont l'une des faces est en gradins de 0,25 de hauteur sur 0,35 à 0,40 de large. Les trois autres faces ont des inclinaisons suffisantes pour le soutènement des terres. On étudie pendant quelque temps, dans cette tranchée, les couches qui donnent l'eau, leur profondeur et leur direction : connaissance indispensable comme nous le verrons plus loin.

L'importance de la connaissance du relief étant reconnue, nous allons étudier les formes naturelles du sol et les diverses positions que le terrain à drainer peut occuper par rapport à ceux qui l'avoisinent.

CHAPITRE II.

Examen des formes naturelles du sol.

Si nous laissons de côté les terrains très-accidentés, formés de rocs affleurants ou de soulèvements de terrains primitifs, pour ne nous occuper que de la plus grande portion du sol dont les couches successives sont formées d'alluvions, et c'est le cas des terrains à drainer, nous remarquons que sur des *vallées* étendues viennent déboucher d'autres *vallées secondaires* qui, à leur tour, reçoivent des *vallons* dans lesquels les plus petites dépressions du sol amènent les eaux de pluies.

Chaque dépression, grande ou petite, vallée ou vallon, est formée de deux versants plus ou moins inclinés et leur intersection forme ce qu'on appelle le *thalweg*, mot allemand qui signifie chemin de la vallée.

Deux vallées contigues sont séparées par une ligne, plus ou moins ondulée, appelée *faîte*.

Ce faîte est la ligne de partage des eaux de pluie entre les deux vallées ; le thalweg est, au contraire, le lieu de réunion de toute la pluie tombée sur les deux versants de la vallée depuis les faîtes qui la limitent : aussi, les filets d'eau de grandes pluies, les ruisseaux, les rivières et les fleuves sont-ils la trace naturelle des différents thalwegs.

Sur une carte bien faite, on remarque que pour une grande vallée, les thalwegs secondaires viennent aboutir au thalweg général dans une direction inclinée de l'*amont* à l'*aval* et forment comme les branches d'un arbre dont le thalweg principal est le tronc.

Il en est de même d'un faîte de séparation de deux grandes vallées : les petits faîtes en partent tous dans une direction plus ou moins inclinée et forment un arbre de direction opposée au premier. La figure 2 a pour but de faire comprendre les remarques précédentes :

A, amont du terrain ; C, aval ; E, thalweg général; F, G, thalwegs secondaires ; H, I, faîtes.

Fig. 2.

La réunion de deux versants, partant d'un faîte du troisième ordre, s'appelle *contrefort*.

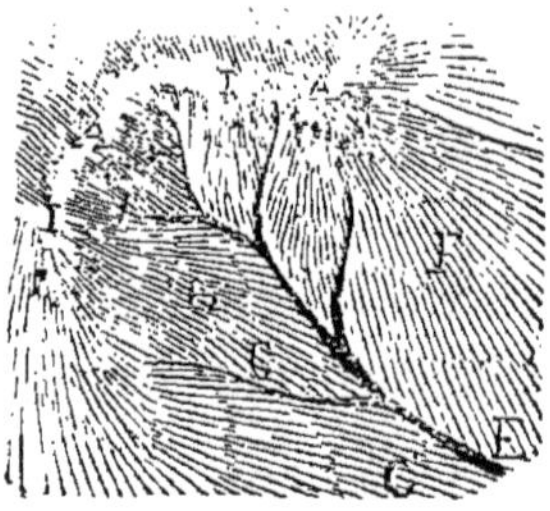

On peut se convaincre, à l'inspection du terrain même, ou d'une carte bien faite indiquant les reliefs, que les faîtes sont d'autant plus ondulés ou irréguliers qu'ils sont plus près de l'*amont*, et que les thalwegs, au contraire, sont d'autant plus droits ou directs qu'ils sont situés plus haut. Ces formes définies sont une conséquence de l'équilibre ou des positions de stabilité qu'ont dû prendre, dans la formation des vallées, les couches de terrain sous une grande masse d'eau en mouvement.

CHAPITRE III.

Représentation du relief sur les plans.

Si dans un terrain d'une certaine étendue, on suppose des sections faites par suite de plans horizontaux également distants, la limite de chaque tranche est une ligne horizontale, en général courbe, et qu'on peut se représenter comme étant la ligne d'eau, dans le cas de l'inondation du terrain jusqu'aux hauteurs considérées successivement.

Les positions relatives de ces horizontales déterminent bien tous les accidents du relief du terrain. En effet, les sections étant toutes à la même distance verticale, les courbes très-rapprochées sur la carte (plan) indiqueront une portion du sol en *pente* forte, et les plaines seront, au contraire, indiquées par des courbes proportionnellement très-distantes (fig 3). Pentes fortes en A; plaine en B.

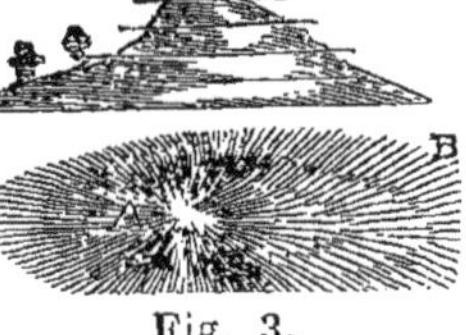

Fig. 3.

Les inflexions des courbes indiquent les inflexions du sol; la convexité tournée vers l'amont indique un point de thalweg; par suite la ligne joignant les divers points de convexité est le thalweg même. — La figure 4 est destinée à faire comprendre la justesse de cette remarque.

Fig. 4.

Cette figure représente les horizontales

équidistantes d'une petite vallée, et par la méthode ordinaire des hâchures employées dans les cartes, fait juger du relief même du terrain.

Aux points où les courbes tournent leur convexité à l'aval, se trouve un faîte. La figure 5 est destinée à faire saisir la différence qu'il y a entre ce cas et le précédent.

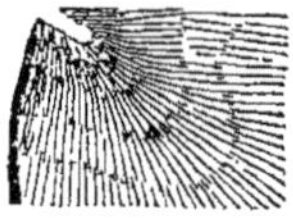

Fig. 5.

Dans la même vallée, les horizontales équidistantes seront d'autant plus espacés en projection sur la carte qu'elles seront plus à l'aval; la figure 6 matérialise cette remarque. On peut du reste s'assurer de la vérité de ce principe sur le terrain même. Lorsque les courbes sont fermées, elles indiquent un mamelon isolé (fig. 7) ou le commencement d'un plateau.

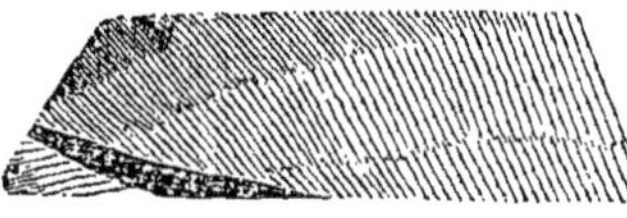
Fig. 6.

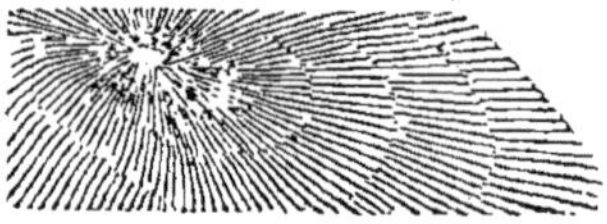

Fig. 7.

Un bas fond ou anse (fig. 8), n'est jamais complétement fermé, sauf quelques exceptions telles que des étangs de plateaux, et quelques autres produits par des bouleversements anormaux ou même par des travaux de main d'homme.

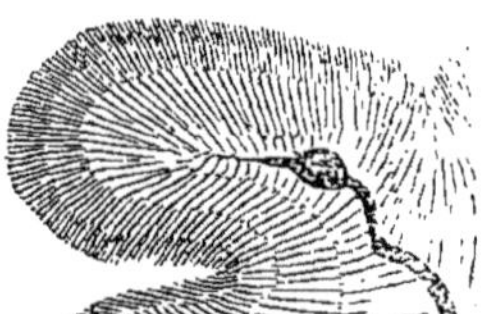
Fig. 8.

Nous donnons (fig. 2) la représentation par horizontales équidistantes d'un terrain étendu naturel, à l'échelle, pour bien faire saisir d'un coup-d'œil la vérité de toutes les remarques que nous avons faites précédemment.

Lorsque l'étendue du terrain est assez faible, la variété dans les courbes n'est pas aussi grande; mais les divers principes énoncés précédemment se vérifient encore. Nous donnons ici quelques exemples de terrains à différences bien tranchées en indiquant leurs dénominations vulgaires pour bien habituer le lecteur à cette espèce de lecture d'un terrain représenté par courbes horizontales équidistantes : lecture nécessaire à l'intelligence des indications que nous devons donner plus loin.

Ainsi, la fig. 6 représente une portion de plaine; la fig. 7, le sommet d'une colline ou d'un mamelon isolé; la fig. 8, une petite *combe* ou anse; la fig. 9, une vallée d'érosion plate dans le milieu et escarpée sur les flancs, cette forme tranche avec celle d'une vallée à pentes adoucies (fig. 4).

Fig. 9.

SECTION II.

PRINCIPES DU TRACÉ DES DRAINS.

CHAPITRE PREMIER.

Origine des eaux nuisibles.

§ 1. — RÉPARTITION DE L'EAU DE PLUIE.

La première origine des eaux souterraines ou de surface qui peuvent nuire aux cultures est la pluie : l'eau tombée sur un *bassin* (vallée simple ou composée) est en partie absorbée par le sol, toujours plus ou moins perméable ; une autre partie assez considérable coule à la surface suivant les lignes de *plus grande pente* jusqu'aux petites dépressions, où elle commence à se réunir, puis enfin dans les thalwegs secondaires et principaux, où elle forme des ruisseaux, des rivières et des fleuves ; enfin, une dernière partie reste à la surface, dans les dépressions sans issue, où elle est peu à peu vaporisée par la chaleur solaire ou l'action des vents.

La portion de l'eau de pluie absorbée par le terrain peut, dans sa descente verticale, rencontrer des couches dites imperméables, c'est-à-dire plus ou moins rétentives, et plus tard venir sourdre à la surface en prenant naturellement son niveau sur cette couche d'arrêt jusqu'à son affleurement : telle est l'origine de toutes les sources temporaires ou perpétuelles.

Si la disposition de la couche imperméable ne permet pas à l'eau d'arriver jusqu'à la surface, elle reste en nappe dans le sous-sol à une profondeur plus ou moins grande, ce qui fait comprendre l'existence de réservoirs ou courants d'eau souterrains. On comprend de même la possibilité de plusieurs couches imperméables, renfermant entre elles des couches perméables dites *aquifères*, et, par suite, l'existence de nappes d'eau souterraines à des hauteurs diverses.

En résumé, l'eau nuisible peut être à la surface même du sol, ou située souterrainement. Si les nappes d'eau stagnantes sont très-près de la surface, elles forment les marais, les bas-fonds, etc., continuellement ou la plupart du temps entièrement couverts d'eau. Lorsque l'humidité est intérieure, elle peut nuire à la végétation sans que, superficiellement, on remarque aucune trace d'eau nuisible, et les mauvais effets d'un pareil état de choses sont ordinairement attribués à toute autre cause que l'humidité.

§ 2. — CIRCONSTANCES DIVERSES D'HUMIDITÉ NUISIBLE.

Assainir un terrain, c'est, comme chacun sait, se débarrasser d'un *excès d'eau* humectant le sol ou le sous-sol. Avant de discuter et d'étudier les méthodes employées pour l'assainissement dont le *drainage* est la partie la plus importante, il est rationnel de commencer par se rendre un compte exact de la manière dont ces eaux parviennent au terrain et de leur position, pour arriver à coordonner judicieusement les moyens d'en débarrasser le sol et le sous-sol actif. Voici les cas qui peuvent se présenter.

1º L'eau en excès dans le sol provient d'infiltrations de terrains supérieurs insuffisantes pour se faire jour à la surface en sources apparentes. La figure 10 présente la coupe d'un terrain rendu humide par cette situation particulière : AA, affleurement de la couche imperméable; BB, sol et sous-sol poreux, mais rendus humides par les eaux de pluie tombées sur la partie supérieure du terrain. Une partie de la masse d'eau de pluie tombée au-dessus du

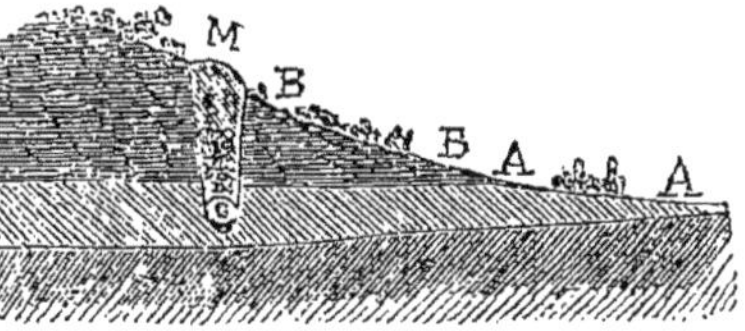

Fig. 10.

sol BB, est, comme nous l'avons déjà dit, absorbée par le terrain poreux et descend continuellement par l'action de la pesanteur. Parvenue sur la couche imperméable A A, elle se réunit, forme une véritable nappe souterraine, et la partie B B du sol arable se trouve par suite dans un état permanent d'humidité qui, dans ce cas, est ordinairement très-visible : la surface, après les grandes pluies, est presque entièrement couverte d'eau ; les plantes aquatiques (*juncus acutiflorus*, *juncus effusus*, etc.), qui ne prospèrent que dans les lieux où il y a trop d'eau pour les autres espèces de plantes, y viennent en abondance, et la plupart du temps ces terrains ne donnent aucun produit.

2° Le sous-sol contient des fontenages ou pénétrations d'eau ascendantes, provenant de couches *aquifères*, situées à une certaine profondeur. La pression de l'eau contenue entre les couches imperméables A C (fig. 11), peut produire en plusieurs points, dans la plus superficielle des couches rétentives, des fissures plus ou moins grandes, par lesquelles l'eau souterraine arrive à l'état de faibles sources latentes inonder le sol, soit constamment, soit temporairement, après les grandes pluies par exemple. La figure 11 représente la coupe d'un terrain dans cette situation particulière : A C, couches imperméables ; B, couche perméable aquifère ; G, sol et sous-sol actif ; J J J, fissures par lesquelles l'eau souterraine arrive au terrain

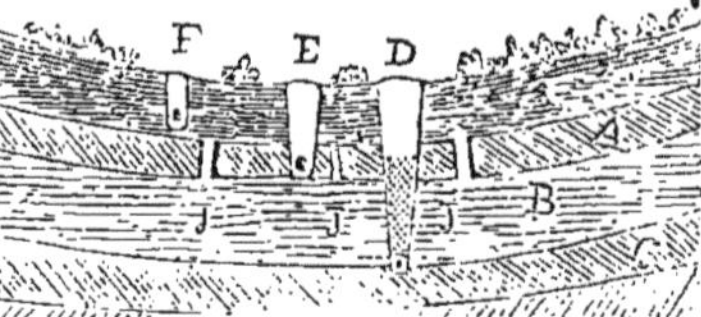

Fig. 11.

cultivé. Ces espèces de sols humides se trouvent surtout dans les parties basses des vallées. Dans cette situation des couches géologiques, l'humidité peut, dans les bas-fonds, être évidente et permanente; mais, dans les parties déclives, les indices d'humidité nuisible peuvent être moins frappants. On trouvera encore quelques plantes aquatiques telles que les *renouées*, les *prêles*, les *menthes :* dans les prairies, la présence des *laiches* de toute espèce, les *scrophulaires*, les *renoncules acres*, le *colchique d'automne* ne laisseront aucun doute sur l'existence d'eau nuisible et souterraine; dans les terres en labour, la présence de l'*ornithogale,* de la *trainasse,* de la *persicaire*, etc., indiqueront la même chose; on peut aussi, à certaines époques de l'année, remarquer dans les terres récemment labourées des plaques ou des taches plus foncées que le reste du champ qui, relativement, a une teinte claire, une apparence de dessication. A plus forte raison, la mollesse du sol, le non développement des plantes, le retard à la maturation, le fendillement du sol dans les sécheresses, sont des indices de la présence d'eaux nuisibles.

3° L'eau, en excès dans le terrain, provient des infil-

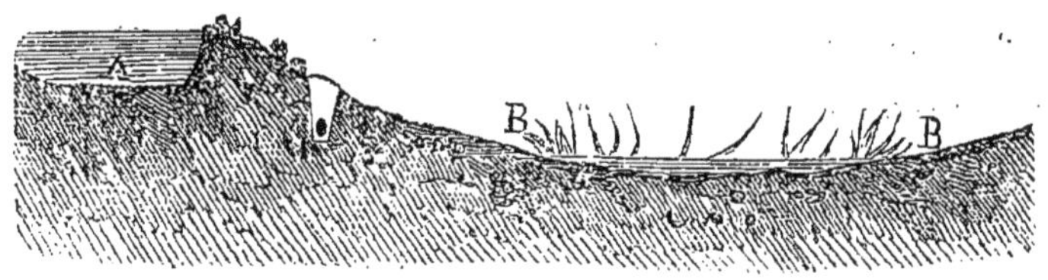

Fig. 12.

trations d'un courant d'eau, fleuve ou rivière, dont le

niveau est supérieur au sous-sol actif, ou même au sol du terrain à drainer. La figure 12 indique cette position particulière, qui se présente assez rarement : on trouve placés de cette façon des tourbières, des marais, ou des terrains légèrement humides, suivant le plus ou moins de différence dans les deux niveaux (eau et sol). B, B (fig. 12), sol humide par les filtrations du courant A, d'un niveau plus élevé.

4° L'eau provient de la pluie tombée sur le sol même et retenue dans la couche arable par un sous-sol imperméable placé plus ou moins profondément. Ce cas est le plus fréquent, et l'assainissement d'un semblable terrain est ce que l'on entend le plus communément par DRAINAGE.

Dans le cas où le sol n'a qu'une faible pente, la plus grande partie de l'eau de pluie reste dans le sol plus ou moins perméable, car elle ne peut se perdre dans les couches poreuses souterraines, arrêtée qu'elle est par la couche imperméable du sous-sol ; la terre est donc superficiellement humide un certain temps après chaque pluie ; l'eau ne peut s'échapper que par l'évaporation ; le sol se crevasse dans les sécheresses, mais la partie proche du sous-sol reste humide presque constamment. Si, en outre, le sol lui-même est rétentif, tous les inconvénients de l'eau stagnante se rencontrent : l'humidité rend les labours difficiles, retarde leur exécution, ou les rend tout à fait impossibles ; toutes les façons du sol sont d'un prix élevé ; le manque d'aération des particules terreuses du sol limite la couche active, empêche que les amendements et les engrais produisent tout leur bon effet; l'eau stagnante dans le sous-sol cause un refroidissement continuel, car toute l'eau qui s'évapore à la surface prend sa chaleur de vaporisation au sol et au sous-sol; il en résulte un véritable abaissement de température du sol et de l'air ambiant, et par suite un retard dans la maturation qui peut même être complétement empêchée.

Dans le sous-sol, l'eau stagnante non aérée empêche l'accroissement des racines pivotantes, charnues, etc.; elle s'acidifie; les racines se putréfient ainsi que les tiges, la luzerne y est impossible. Ce sont tous ces inconvénients, indiqués ici superficiellement, que le drainage doit annuler. Les bons effets d'un drainage complet, bien exécuté, serait donc de *réchauffer le sol*, car la chaleur solaire ne sera plus employée à évaporer l'eau surabondante du terrain, mais le sol lui-même; la hâtivité des récoltes s'ensuivra. Lorsque le drainage sera fait sur une grande étendue, il y aura dans ce lieu un bon équilibre entre les saisons sèches et humides, le sol ne se crevassera plus, les plantes ne seront plus déchaussées, les pluies, les rosées pénétreront dans la terre et l'enrichiront de principes gazeux utiles à la végétation. Le sol, devenu friable et sain, sera en tout temps accessible aux chariots, aux instruments de préparation du sol; les labours et les façons pourront se faire en temps opportuns, sans exiger des attelages nombreux. L'action des gelées ne sera plus aussi nuisible aux plantes, car l'équilibre d'humidité obtenu régularisera l'action des gels et dégels en les rendant plus lents.

Le drainage équivaut à un approfondissement de la couche arable, car il produit une sorte d'ouverture générale des pores du terrain ; le sol et le sous-sol sont aérés, par suite de la friabilité de la terre et de la pluie tombée qui entraîne, en passant de la surface jusqu'aux *drains*, de l'air agissant sur les molécules terreuses par l'oxigène, l'ammoniaque et l'acide carbonique. Les amendements et les engrais, par cette aération, produisent tout leur effet ; l'approfondissement du sol actif permet la culture des plantes à racines longues et aux plantes ordinaires, l'extension de leurs radicelles à une grande profondeur. Les billonnages ne sont plus nécessaires, les sarclages et binages sont faciles. Tous ces effets se résument, en définitive, par trois espèces de résultats importants pour l'agriculteur : *Économie des travaux*, *augmentation des récoltes*, *diminution relative de la fumure.*

Dans l'intérêt général du pays, il ne peut plus y avoir doute sur l'effet du drainage pour régulariser les cours d'eau, élever la température moyenne du lieu, empêcher les brouillards, et, par suite, assainir les climats dont l'humidité a de si mauvais effets sur la santé des habitants et des animaux domestiques (Hy. Stephens).

Nous reviendrons, dans une autre occasion, avec plus de détails sur ces effets de drainage ; et, supposant le lecteur convaincu, nous revenons à nos travaux sur l'exécution même du drainage.

Il peut se présenter un cinquième cas assez rare, c'est celui où le sous-sol étant assez perméable, mais le sol rétentif,avec une pente de surface très-faible, l'eau de pluie séjourne dans la couche arable un temps assez long ; mais cependant l'humidité, dans un tel terrain, n'est pas ordinairement aussi nuisible que dans les cas précédents, car elle n'est que temporaire, et certaines façons; les défoncements, les raies d'écoulement, les billonnages, remédient à cet inconvénient avec moins de frais que ceux qu'exigerait un drainage.

Chacun des cas que nous venons de reconnaître exigera pour l'assainissement des travaux différents, et c'est ce qui peut faire comprendre la différence des procédés de drainage employés. Tous ont leur raison d'être, et l'adoption d'un seul pour tous les cas, à l'exclusion des autres, pourrait exposer à de graves mécomptes. Nous devons donc examiner en détail chacun de ces cas.

CHAPITRE II.

Drainage des sources supérieures.

Lorsque le sol et le sous-sol, outre l'eau de pluie tombée sur la surface du champ, reçoit, par suite d'une situation particulière, les infiltrations souterraines des terrains supérieurs, arrêtées par une couche imperméable (fig. 10), il est évident que si l'on se contentait de drainer le terrain même, c'est-à-dire de se débarrasser de l'eau de pluie tombée sur la surface par des drains ordinaires, de 1 mètre à 1 mètre 20 cent., cette opération n'empêcherait aucunement les infiltrations, et, par conséquent, le sol ne pourrait, malgré le drainage fait, s'assainir qu'à la condition d'assainir aussi tout le sol supérieur ; ce qui est à peu près impossible. Or, il est visible que, dans ce premier cas d'humidité nuisible, le seul remède efficace doit évidemment consister dans *l'arrêt* des infiltrations supérieures de manière à s'en débarrasser sans qu'elles passent dans le terrain à assainir, sans préjudice cependant des autres moyens à employer pour purger, s'il y a lieu, le terrain des eaux de pluie qu'il reçoit directement du ciel et qu'il pourrait conserver par sa nature rétentive.

Nous avons vu (chap. 1er, § 2) comment une couche imperméable entretenait pour les terrains immédiatement supérieurs, une humidité plus ou moins considérable ; soit donc, en plan **A B C D** (fig. 13), le champ à drainer dont la figure 10 représente la coupe dans le sens de la plus grande pente ; soit **F E**, l'affleurement de la couche imperméable. La plus grande pente du sol est dans la direction perpendiculaire à cette ligne d'affleurement. Or, si à la partie supérieure du champ, on creuse un fossé, **M A**, **M O**, (fig. 13), pénétrant jusqu'à la couche imperméable, comme le représente en coupe la figure 10, il est évident que toutes les infiltrations du terrain supérieur seront arrêtées par ce fossé et se réuniront sur son fond imperméable ; si l'on donne

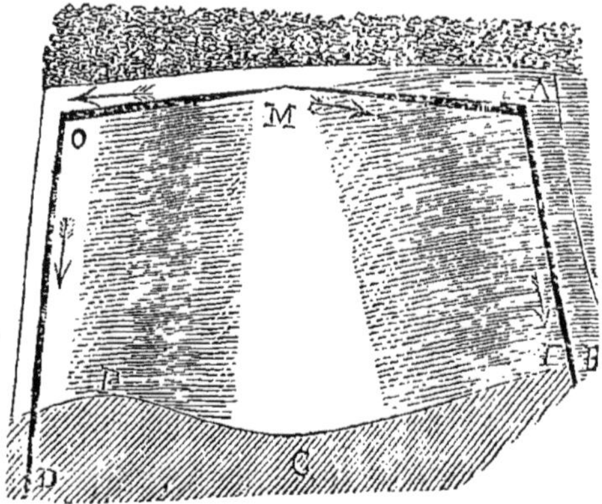

Fig. 13.

à ce drain (fig. 13), à partir du point M, une faible pente de M en A de même que de M en C; qu'ensuite on creuse es canaux de fuite A B C D, dans le sens de la plus grande pente, aux deux bords du champ; les eaux d'infiltration s'échapperont suivant les flèches indiquées sur la figure et ne passeront pas, par conséquent, dans le champ qui se trouve ainsi assaini par *une seule saignée*, si la nature rétentive du sol du champ ne tend pas à y conserver les eaux de pluie. On voit qu'il y a nécessité absolue de pousser le fossé (fig. 10) jusqu'à ce que son fond ou *plafond*, pénètre d'une certaine quantité dans la couche imperméable; s'il se trouvait plusieurs couches rétentives superposées, il faudrait expérimenter pour connaître quelle est celle qui retient réellement les eaux.

Ces fossés devant avoir parfois, pour remplir la condition précédente, une très-grande profondeur, on ne pourrait les laisser ouverts qu'en donnant à leurs talus une inclinaison assez faible pour que les éboulements ne soient pas à craindre, et alors la largeur d'ouverture au niveau du sol devant être très-grande, 4 à 5 mètres au moins pour 2 mètres de profondeur par exemple, il y aurait par suite une notable surface de terrain inutilement perdue; pour éviter cet inconvénient, on fait des *saignées couvertes* (fig. 14) remplies sur la plus grande partie de leur hauteur de matières *filtrantes*, c'est-à-dire laissant des vides nombreux, telles que des pierres cassées, des fascines, etc., et dont la partie inférieure est un conduit maçonné ou fait de tout autre façon, mais autant que possible imperméable sur son fond et ses deux côtés, et recouvert de pierres plates ou autres matières, laissant assez de passage à l'eau filtrée supérieure qui se réunit dans ce canal de fond. Puis enfin on achève le remplissage du fossé avec la terre extraite, en ayant soin d'en laisser une épaisseur suffisante pour que la charrue, dans les diverses façons, ne puisse atteindre aux matières filtrantes de cette saignée. En raison de leur fonction et des matières les plus ordinairement employées pour le remplissage, on a appelé ces fossés couverts *coulisses* ou *pierrées* : nous leur conserverons cette dernière dénomination.

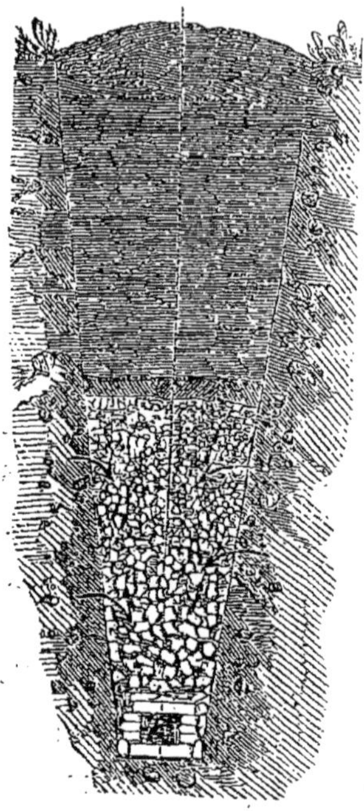

Fig. 14.

Le drainage exclusif par des *pierrées* ainsi disposées est très-ancien et connu actuellement sous le nom de MÉTHODE D'ELKINGTON, lorsque les saignées absorbantes ont une grande profondeur, et qu'en général elles sont *peu nombreuses*. Cette méthode, que certains praticiens veulent employer *exclusivement* et que d'autres au contraire n'admettent *dans aucun cas*, peut donner dans certaines circonstances, et en particulier dans celle que nous venons d'examiner, des résultats remarquables. Elle consiste, en principe, dans la recherche des sources ou couches aquifères, pour *détruire la cause même* qui rendait le sol humide ; aussi, comme nous l'avons déjà dit, un seul drain peut parfois produire un effet excessivement remarquable et assainir une grande étendue de terrain. Cette méthode, dont nous venons de voir une application, diffère essentiellement de ce qu'actuellement on nomme drainage, qui ne *détruit* pas la cause d'humidité, mais *recueille* l'eau parvenue dans le sol et le sous-sol actif. Les deux systèmes peuvent être employés simultanément si les deux causes d'humidité (première et quatrième) existent en même temps.

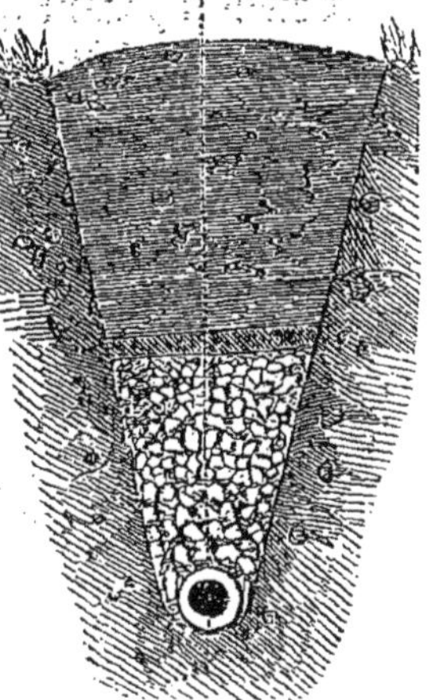

Fig. 15.

Une pierrée analogue, mais moins importante et dont le conduit pourra être un simple tuyau (fig. 15), devra être établie dans tous les cas de *drainage* (quatrième cas), pour ne pas avoir à faire passer par *ses drains* l'eau du terrain supérieur, c'est-à-dire à drainer le champ du *voisin*. Nous l'appellerons, en raison de sa fonction, DRAIN D'ISOLEMENT.

CHAPITRE III.

Drainage des sources inférieures.

Dans le cas où le terrain est rendu humide par des fontenages ou ascensions d'eau de couches aquifères placées au-dessous du sous-sol, comme dans le deuxième cas (fig. 11), il est évident qu'il faut encore ici enlever de grandes masses d'eau et pénétrer jusqu'à la couche rétentive, en coupant ou saignant la couche aquifère dont les *fontenages* ascendants causent l'humidité du sol arable. Il faut donc des saignées absorbantes de même genre que celles du cas précédent, mais placées contrairement, c'est-à-dire dans la partie la plus basse du champ (thalweg) au lieu d'être placées au plus haut comme lorsqu'on veut arrêter des sources ou filtrations supérieures. Ces saignées de recueil reposant sur la couche imperméable inférieure purgeront le terrain de toutes les eaux ascendantes, si le conduit de la saignée offre une dimension et une pente suffisantes pour expulser toute l'eau subjacente jusqu'en dehors du champ.

La profondeur de ces drains ne peut être indiquée d'avance car elle dépend absolument de la profondeur à laquelle les couches aquifères se trouvent : un drainage ordinaire pourrait être sans effet et même parfois nuisible dans ce cas, car il aiderait l'arrivée de l'eau souterraine par les fontenages. Les drains ordinaires qu'on aurait ainsi établis, évacueraient beaucoup d'eau il est vrai, ce qui pourrait faire croire à leur efficacité ; mais cependant le sol pourrait rester humide. La figure 11 représente cette situation en coupe. Ainsi D est le drain efficace, car il coupe la couche aquifère B et repose sur la couche imperméable C ; le drain F, placé à une faible profondeur et reposant sur la première couche imperméable n'aurait d'effet que pour évacuer l'eau de pluie du terrain et l'humidité superficielle, mais laisserait la cause d'humidité subsister, et par suite le terrain ne serait que superficiellement asséché ; enfin, le drain E, dépassant presque la première couche imperméable, augmenterait l'arrivée de l'eau subjacente et la ferait parvenir dans tout le terrain d'une manière nuisible. Nous donnons, figure 16, le plan

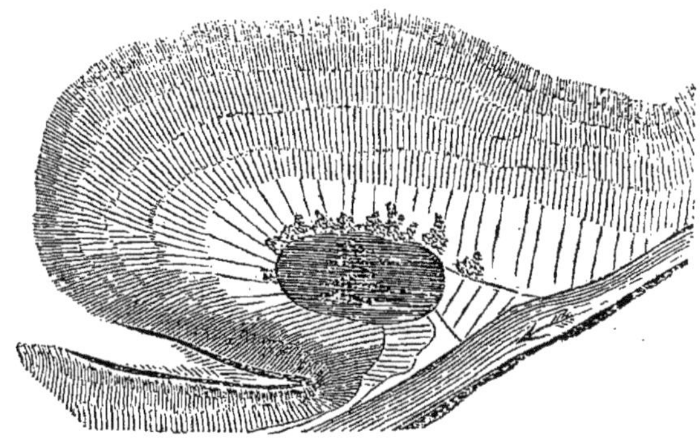

Fig. 16.

avec indication du relief d'un champ de 10 hectares, appelé le Marais du Canard parce qu'on y trouvait des canards sauvages en toute saison, situé dans un bas-fond et assaini au moyen de la méthode d'Elkington, d'après ce que nous avons dit du premier cas et de ce deuxième (Hy. Stephens). La partie inférieure était couverte d'une mare d'eau la plus grande partie de l'année; en outre des sources subjacentes et des infiltrations supérieures entretenaient une constante humidité. La mare d'eau avait une étendue de 81 ares et disparaissait presque entièrement en été, mais le sol était toujours en ce point d'une grande humidité et ne donnaît aucun produit. Deux drains (fig. 17), l'un A A d'isolement, et l'autre B B de collature générale et saignant une couche aquifère de sable mouvant, suffirent pour l'assainissement. La première saignée A A n'avait que 0,914 de profondeur, mais la tranchée générale B B avait en certains points jusqu'à 3 mètres de profondeur, et le travail fait,

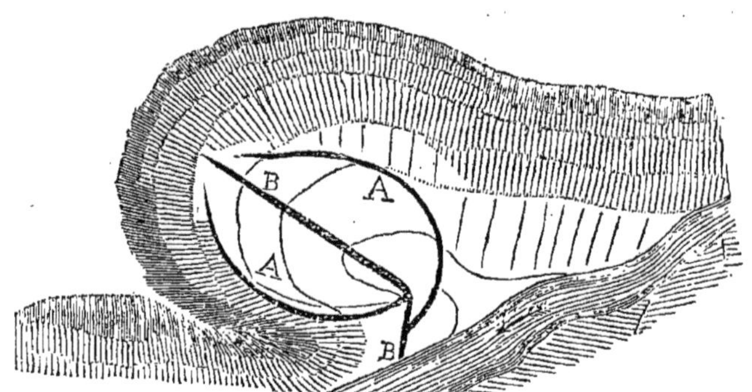

Fig. 17.

M. Hy. Stephens reconnut qu'il eut été plus efficace encore s'il eut été poussé à 1 mètre de profondeur de plus.

Dans un autre lieu, un champ fut entièrement assaini par un seul drain de 1 m. 22, établi sur tous les périmètres du sol, et par un drain de recueil de 4 m. de profondeur environ.

Si les eaux de pluie arrêtées par la première couche d'un terrain dans la situation indiquée fig. 11, pouvaient rendre encore le sol humide, il le serait beaucoup moins puisque la grande saignée D empêche l'arrivée de l'eau subjacente; les saignées à faire pour se débarrasser de l'eau de pluie seront donc d'une faible importance, car elles auront peu d'eau à extraire et ne doivent être poussées que jusqu'à la première couche imperméable : elles déboucheront naturellement dans le drain D.

Ce deuxième cas est encore un de ceux pour lesquels la méthode dite d'Elkington donne des résultats extrêmement avantageux, lorsque le draineur sait étudier les couches souterraines et pénétrer en poussant des saignées jusqu'à la profondeur nécessaire. Le but de cette méthode est toujours d'extraire du sol par *grandes masses*, les eaux contenues dans le sous-sol en les réunissant et leur formant un lit, de façon à DÉTRUIRE complétement la cause et non à diminuer seulement les effets.

CHAPITRE IV.

Drainage des infiltrations de courants.

L'assainissement dans ce cas est entièrement semblable au drainage des infiltrations de terrains supérieurs, c'est-à-dire que pour assainir le terrain B B, fig. 12 et 18, situé plus bas que la rivière A A, il faut, par une pierrée profonde C C (fig. 18), placée au sommet du terrain B, arrê-

Fig. 18.

ter les infiltrations et les conduire au moyen d'une très-faible pente (plus petite que celle de la rivière), jusqu'à un point du courant assez bas pour que l'écoulement ait lieu dans la saignée. Un drain profond dans le thalweg ou le plus bas du sol à drainer, et allant rejoindre le drain isolant CC, servira de collecteur pour les eaux de pluie ou d'inondation suivant la nature du terrain et les circonstances. La difficulté dans ce cas de terrains situés en contrebas du niveau d'une rivière, est de se procurer un écoulement en dehors du champ jusqu'au cours d'eau même, cause du mal ; car il faut alors le rejoindre à une grande distance et avec une pente trop faible pour assurer un bon écoulement. Souvent on est forcé de faire dans la partie basse la part de l'eau, en laissant une mare, une pièce d'eau qui reçoit l'excès d'eau aux époques où l'écoulement au dehors n'est plus possible, ou même on perce un puits absorbant si la nature des couches inférieures le permet, ou enfin, faute de même, on comble le terrain, au moins dans les parties basses. Mais ceci sort de notre cadre, et si nous avons donné ces quelques indications, c'est pour prouver que dans certains cas exceptionnels le drainage n'aurait pas un effet suffisant et qu'il ne faut pas se contenter d'imiter des drainages existants et adopter des méthodes qui paraissent très-simples mais qui ne tiennent pas compte de toutes les circonstances.

Des drainages ont dû être recommencés faute d'avoir pris en considération les quelques observations que nous venons de faire.

CHAPITRE V.

Drainage des eaux de pluie éparses dans le terrain, ou drainage proprement dit.

§ 1. — GÉNÉRALITÉS SUR LE DRAINAGE DES EAUX ÉPARSES.

Dans les cas extrêmement fréquents où l'humidité est causée seulement par les eaux de pluie, *arrêtées par un sous-sol imperméable*, et n'ayant pas d'écoulement, le principe de l'assainissement consiste à réunir toutes ces eaux par parties, dans des conduits souterrains plus ou moins profonds. Ici la *cause* d'humidité ne peut plus être *détruite*, être *détournée*; il faut *recueillir* l'eau nuisible et la jeter au dehors du champ que l'on veut assainir. Ce mode d'assainissement est ce qu'on entend le plus généralement par *drainage*, et pour le distinguer des méthodes précédemment indiquées, on le désigne sous les titres : drainage par *sillon*, drainage *fréquent*, drainage *parallèle* et enfin drainage *complet*.

Toutes ces qualifications indiquent bien chacune une manière d'être, une *face*, du procédé qu'elles prétendent définir, mais aucune ne donne réellement la définition du mode d'action réel ; ainsi *drainage par sillon* ne donne que l'idée d'un assainissement effectué par de petites rigoles superficielles ; le titre *drainage fréquent* indique que dans cette méthode les saignées d'assainissement sont nombreuses, en opposition à la méthode d'Elkington où les drains sont en très-petit nombre. La qualification de *parallèle* donnée à ce mode de drainage rappelle qu'en effet, dans la presque généralité des cas, les drains sont parallèles en totalité, ou du moins par *séries*. Enfin, la dernière désignation, *drainage complet*, bien qu'insuffisante encore, indique la particularité la plus remarquable de cette méthode qui en effet assèche le sol sur *toute* son étendue et complétement, ce qui n'arrive pas toujours lorsqu'on emploie la méthode d'Elkington, qui doit souvent être complétée par un *drainage ordinaire*.

Préparer dans le sous-sol de nombreux vides ou conduits dans lesquels l'eau éparse puisse se réunir et s'écouler jusqu'en dehors du champ, tel est le but du drainage ordinaire.

Les recherches nécessaires au tracé de ces conduits porteront sur les articles suivants : 1° direction, 2° profondeur, 3° espacement.

§ 2. — DIRECTION DES DRAINS D'ASSÉCHEMENT.

Il n'y a que deux directions possibles pour ces drains ; ils seront placés dans le *sens de la plus grande pente* du sol, ou *transversalement* avec une pente pouvant varier depuis 0 jusqu'à la plus grande pente même du sol. Les draineurs sont actuellement d'accord sur la supériorité que la première position (fig. 19) a par rapport à celle transversale : voici les raisons qu'on peut donner à l'appui. Lorsque les drains **A A** ont la plus grande pente, toute l'eau comprise entre deux drains tend à se diviser en deux portions parfaitement égales ; de manière que la plus grande distance à parcourir n'est, pour l'eau, que de la moitié de l'écartement de deux drains, ou, si la pente est notable, un peu plus de cette moitié ; si au contraire, le drain est transversal (fig. 20), il s'ensuit qu'en raison de la pente, la plus forte partie de l'eau comprise entre deux conduits tend à suivre la pente même du sol, c'est-à-dire à n'arriver dans le tuyau que sur le côté *d'amont* ; une portion d'autant plus faible que la pente est plus forte, tend à venir dans le conduit par le côté d'aval, ce qu'indiquent bien, les flèches de la fig. 20 ; l'eau devra donc parcourir un plus grand chemin dans le cas de drains transversaux que dans celui où les drains sont de plus grande pente toutes choses égales d'ailleurs, et le drain ne recevra l'eau que sur un côté : il faudra donc, pour que l'action des-

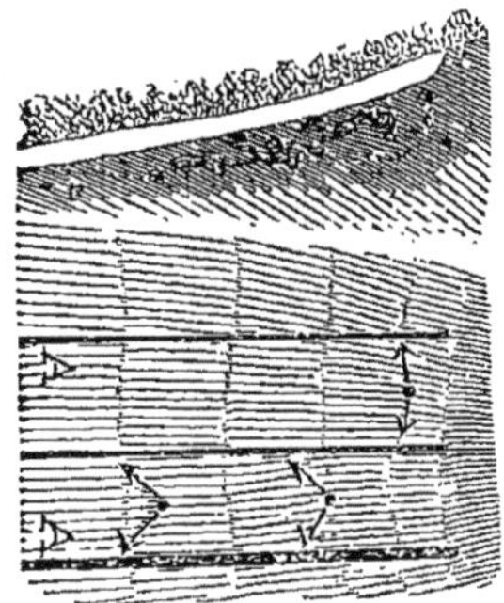

Fig. 19.

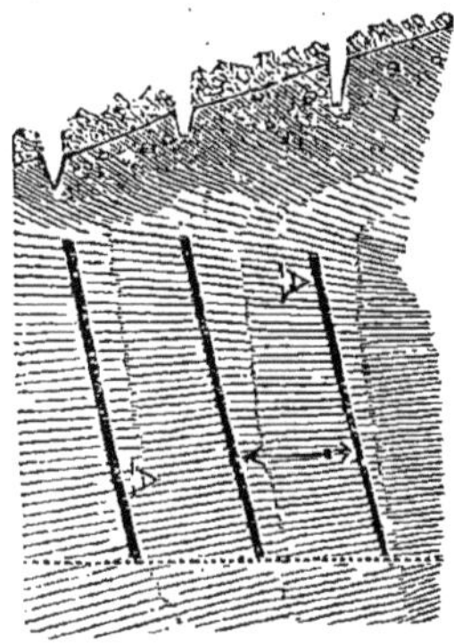

Fig. 20.

séchante du drain soit la même, qu'ils soient plus rapprochés dans ce second cas.

En second lieu, la pente des conduits transversaux est toujours beaucoup plus faible que celle des drains de *plus grande pente*, comme leur nom l'indique bien; donc l'eau arrivée au tuyau s'écoulera plus vite par les derniers drains que par les drains transversaux : le fonctionnement des conduits de la plus grande pente est donc plus assuré, la vitesse y est plus forte, les chances d'obstruction moindres, et il se produit pour ainsi dire un *appel énergique* de l'eau du sol dans le conduit.

En troisième lieu, les drains de plus grande pente sur une notable étendue de terrain, auront pour effet de couper, de *saigner* toutes les couches aquifères qui se trouveraient dans le sous-sol, comme l'indique la figure 21, en A, A; tandis qu'un drain transversal B peut, tout en ayant la même profondeur qu'un drain de plus grande pente, rester au-dessus d'une couche aquifère dont l'eau pourra rendre humide le sol en-dessous de ce drain.

Fig. 21.

En quatrième lieu, pendant l'exécution même, l'eau du terrain qu'on veut assainir s'écoulera facilement dans les tranchées sans gêner les travailleurs.

En résumé, les drains *d'assèchement* doivent être dirigés, autant que possible, suivant la plus grande pente.

§ 3. — PROFONDEUR.

Il est tout d'abord évident que les conduits A A (fig. 22) ne pourront extraire, au plus, que l'eau supérieure à la ligne horizontale A A joignant les deux parties les plus basses des conduits; il faut donc que la profondeur soit au moins égale à celle de la couche nécessaire à l'existence de la plante; or, certains végétaux cultivés poussent leur radicelles à une profondeur assez considérable et dépendant surtout de la friabilité du sous-sol. Nous ne citerons pas de chiffres, mais on comprend la grande utilité d'établir profondément les conduits, puisque l'approfondissement du sol actif s'ensuit. Nous apercevrons d'autres raisons en étudiant le mode d'action d'un drain : en principe, un drain, une saignée d'assainissement n'ont pour but que de préparer et d'assurer dans le sol, à une certaine profondeur, un espace vide en communication avec les molécules terreuses par quelques points seulement (l'intervalle entre deux tuyaux par exemple); or, voici ce qui se passe par suite de l'existence d'un de ces conduits souterrains.

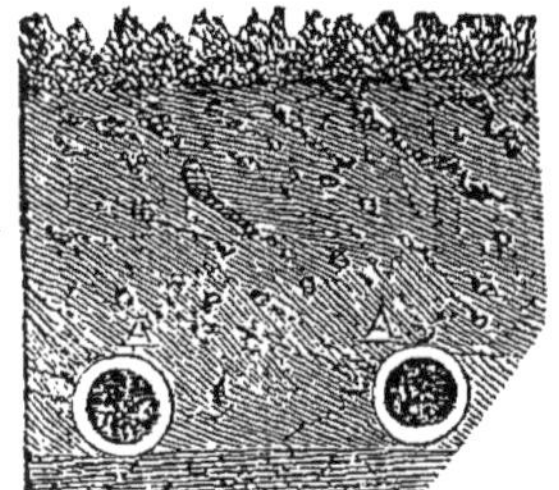
Fig. 22.

Si l'eau de pluie tombe sur une terre que nous supposerons parfaitement sèche, c'est-à-dire ne contenant d'eau ni dans les intervalles que laissent entre elles les molécules, ni dans les pores de ces molécules mêmes (comme l'indique la figure 23 : les pores vides et les espèces de conduits existant entre les molécules sont laissés blancs et le tout est représenté avec un fort grossissement), elle peut, suivant la nature des couches et la quantité d'eau, changer l'état de la terre de plusieurs manières : ainsi une faible pluie est absorbée par les molécules terreuses qui ont une grande affinité pour l'eau; les plus superficielles sont d'abord saturées et l'excédant de ce qu'elles peuvent retenir sert à saturer successivement les molécules placées de plus en plus bas; aucune portion d'eau ne reste libre entre les particules terreuses; on dit que le sol est frais, moite : il ne salit pas les mains et ne fait pas pâte. Si la quantité d'eau tombée est plus que suffisante pour saturer toutes les molécules formant la couche active du sol, l'eau continue à descendre et se perd dans le sous-sol, s'il est perméable; mais si, au contraire, il se présente une couche à peu près imperméable, l'eau est arrêtée et se réunit sur cette couche ; elle remplit les petits canaux qui séparent les molécules et s'élève peu à peu à mesure que la quantité de pluie qui tombe sur le sol augmente : il se forme donc une couche d'eau dont le niveau est plus ou moins élevé au-dessus de la couche imperméable (fig. 24) : l'eau est figurée en noir dans les points où elle est stagnante, en teinte moins foncée dans les endroits où la capillarité la retient. Ici *le sous-sol est*

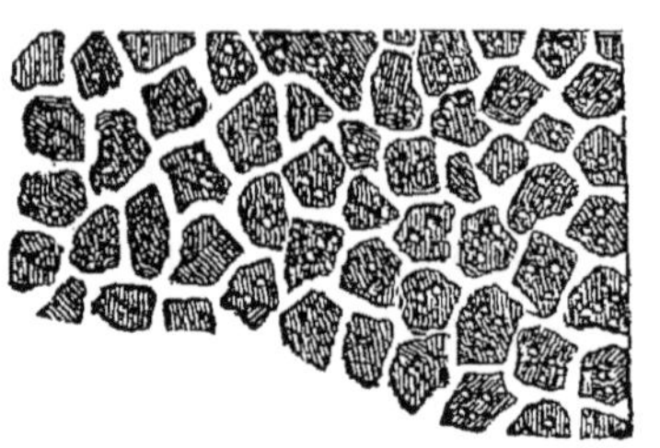

Fig. 23.

humide, le sol est frais; si la chaleur solaire évapore l'eau des molécules de surface, cette eau est remplacée par la capillarité des intervalles ou petits canaux qui puisent dans la couche d'eau inférieure. Lorsque cette couche d'eau reste en tout temps à une assez grande profondeur, il n'y a d'autre inconvénient qu'un refroidissement causé par l'évaporation continuelle; mais si cette couche, par une succession de pluies d'automne et d'hiver, peut s'élever jusqu'au niveau des racines, celles ci sont arrêtées dans leur croissance, et la portion de la couche active est très-restreinte. Enfin, si le sol lui-même est imperméable et retient les eaux à la surface, on voit que la végétation des plantes aquatiques est seule possible. Or, supposons dans les deux derniers cas d'humidité qu'un tuyau A (fig. 24) soit placé dans le sol, au-dessous du niveau de la couche d'eau ; celle-ci tend, en vertu de la *charge* sur l'orifice du conduit, à s'écouler dans le tuyau et à le remplir; mais s'il possède une certaine pente, il se vide simultanément ; par suite toute l'eau en excès dans le sous-sol, c'est-à-dire toute celle qui n'est pas retenue par la capillarité et l'affinité propre de chaque molécule terreuse, descend et s'échappe par le tuyau. Ce mouvement de descente se fait, tant qu'une couche d'eau continue existe, par abaissement général du niveau de cette couche, mais il arrive un moment où, le sol étant

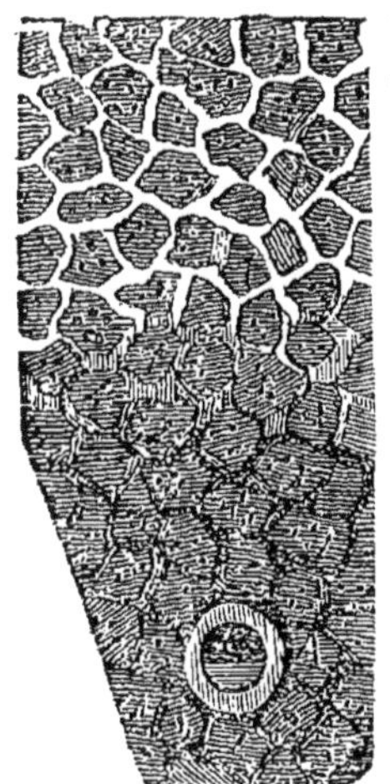

Fig. 24.

presque assaini, la charge d'eau sur l'orifice est très-faible et les petites quantités d'eau éloignées du drain ont à vaincre, pour arriver jusqu'au conduit, un frottement, une adhérence qui empêche que l'abaissement de l'eau n'ait lieu jusqu'à la ligne horizontale joignant le fond des conduits ; seulement, si l'intervalle entre les pluies est considérable, la différence entre la ligne d'assèchement réelle et l'horizontale du fond sera très-faible. On a cru trouver que cette courbe était très-marquée et avait presque la figure d'un arc de cercle, et sur cela on a basé la détermination de la distance entre les drains pour une profondeur donnée ; mais il faut, en outre, dans cette recherche, tenir compte du temps qui doit s'écouler jusqu'au complet assèchement du terrain : si l'on veut assécher presqu'instantanément, il faut rapprocher beaucoup les drains; mais en laissant aux conduits un temps d'action prolongé, le travail mécanique de la pesanteur continuant, il n'est pas douteux pour nous que l'assèchement ne se fasse très-profondément. On voit, par ce qui précède, que la profondeur du drain donne sur les orifices d'entrée entre les tuyaux une forte charge et par suite une vitesse d'introduction très-grande. Le mouvement de descente de l'eau peut encore être aidé par des fissures, car il est certain que, dans les intervalles pendant lesquels les drains seront vides, l'air qu'ils contiendront pourra dessécher la terre et préparer pour l'humidité à venir une facile arrivée. Des fissures se formeront donc par suite d'un drainage effectif à la surface du sol et intérieurement comme l'indique la fig. 25. En résumé, une notable profondeur (1 m. 20 habituellement) est nécessaire, et l'excès, dans ce sens, est rarement nuisible. Du reste, comme nous allons le voir, la profondeur dépend essentiellement de *l'espacement.*

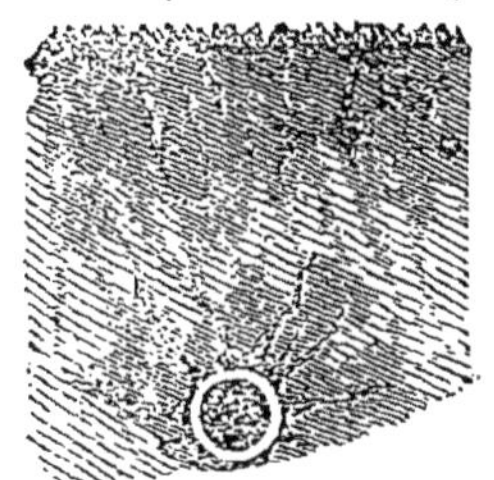

Fig. 25.

§ 4. — ESPACEMENT DES DRAINS.

Si l'on est peu fixé sur la profondeur, on l'est encore moins sur l'espacement à donner aux drains. D'une part, de bons résultats ont été obtenus avec des drains excessivement écartés, et par suite le drainage a peu coûté, tandis que d'un autre côté, de bons praticiens craignent de pousser l'écartement à plus de 10 ou 12 mètres. Nous croyons dangereux de donner des chiffres *moyens* : il nous semble plus convenable d'indiquer d'abord quelles sont les circonstances qui peuvent influer sur l'écartement des drains.

En premier lieu, il est presqu'évident, après les observations faites dans le paragraphe précédent, que lorsque la profondeur augmente, l'écartement peut augmenter. En outre, cette augmentation d'espacement doit croître très-vite avec la profondeur. Entre deux tuyaux, le niveau de l'eau baisse suivant des courbes inconnues (fig. 26), mais qui diminuent constamment de flèche, c'est-à-dire de courbure, jusqu'à ce qu'une nouvelle pluie vienne remonter le niveau de la couche. Ce niveau tend donc à se mettre horizontal, mais sans pouvoir jamais y parvenir, car la cause de la descente de l'eau diminue constamment; seulement, on le voit, l'entrée de l'eau dans un drain très-profond se fait avec vitesse, car il y a une forte charge sur l'orifice, et par suite l'abaissement du niveau se fait avec une plus grande rapidité. Quelques expériences ont démontré ce fait, mais il faut dire aussi que d'autres expériences n'ont pas montré d'avantages en faveur des drains profonds sur des drains plus superficiels et également écartés. D'autre part, des drains de 2 mètres 50 cent. espacés de 100 mètres ont produit un bon assainissement : on voit qu'ici l'incertitude est assez grande. Nous ne croyons pouvoir, dans l'état actuel des choses, donner que quelques points de départ à peu près certains : 1 mètre 20 cent. de profondeur avec 12 à 15 mètres d'écartement ont en général un effet assuré. Des drains de 1 mètre 50 cent. de profondeur et de 25 à 30 mètres d'écartement sont aussi d'une efficacité presque certaine. Enfin, si la nature du sous-sol force à restreindre la profondeur à 1 mètre ou même 0,90 cent., il ne faut écarter les drains que de 8 à 10 mètres.

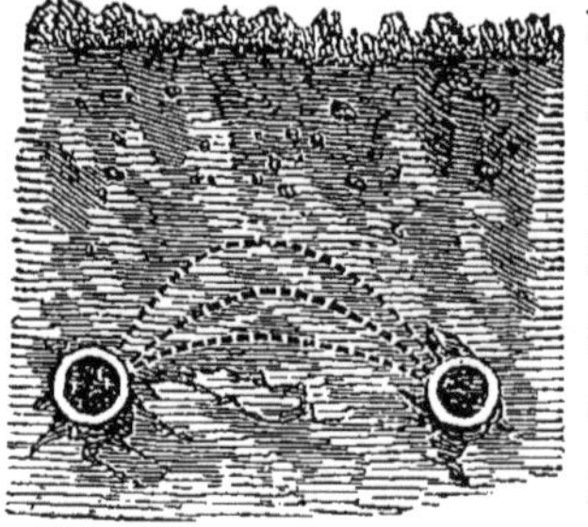
Fig. 26.

Un espacement moindre que celui qu'indique ces chiffres serait certainement plus certain à égalité de profondeur, mais, dans une amélioration dont tout le monde reconnait aujourd'hui la nécessité, et que peu de personnes pratiquent faute d'argent, le plus grand perfectionnement consiste dans la diminution du prix de revient. Si, au lieu de dépenser jusqu'à 300 francs par hectare, on peut arriver presque au même but avec une dépense d'un tiers ou même de moitié plus faible, il ne faut pas rechercher l'excès de sécurité mais faire les travaux avec assez de soin pour garantir le bon fonctionnement des drains, qui alors peuvent sans danger être très-espacés.

Dans ce qui précède, nous n'avons pas tenu compte de la nature des couches du terrain ; mais il est facile de comprendre que l'espacement doit dépendre essentiellement, toutes choses égales d'ailleurs, du plus ou moins de difficulté que présentent les diverses natures de terre à la filtration de l'eau : — Entre l'argile pure et les sols calcaires ou sableux, la différence de perméabilité est très-grande, et il doit en résulter par suite des espacements très-différents dans le placement des drains. On est même assez porté à croire que l'argile pure est absolument imperméable et à douter, par conséquent, de l'efficacité du drainage. Il semble presque impossible que l'eau tombée sur le sol *traverse* une couche d'argile épaisse de 1^{m} 20, profondeur ordinaire des drains ; l'expérience du drainage a cependant prouvé que la pénétration a lieu dans un temps assez court ; ainsi lorsque l'écoulement des drains est arrêté dans la saison d'étiage, et qu'une pluie forte tombe sur le sol, les tuyaux recommencent à couler 24 ou 48 heures après, suivant que le sol est plus ou moins compacte. — Ce fait s'explique, car, comme nous l'avons détaillé dans le paragraphe précédent, l'arrivée de l'eau du sol jusqu'au tuyau du drainage, se fait par *remplacement* : la pluie tombée presse sur les couches d'eau contenues dans le sol resté frais et l'égouttement se fait par l'abaissement successif de ces diverses nappes plus ou moins continues.

Nous ne connaissons pas d'expériences directes faites dans le but de déterminer l'espacement convenable des drains dans diverses terres, mais on peut se guider sur la largeur des *billons*, car l'expérience du billonnage doit avoir peu à peu fait adopter une largeur de billon convenable pour la nature des terres du pays même où cette manière de labourer est adoptée ; mais l'énergie des drains étant plus grande que l'action d'un bombement assez peu considérable, il est visible que l'espacement des drains doit, tout en restant proportionnel à la largeur des billons pour les diverses terres, être plus grand (double, triple ou quadruple), suivant la profondeur des drains.

C'est ainsi que M. Spooner, fixait l'espacement des drains en supposant qu'on les mît de deux en deux billons. — Le tableau suivant est fait d'après les nombres de cet auteur, dont nous avons arrondi les chiffres pour simplification.

NATURE DES TERRES.	Largeur des billons.	Espacement des drains supposés placés tous les 2 billons 1.00 de profond.	3 billons 1.20 de profond.	4 billons 1.40 de profond.
	mètres.	mètres.	mètres.	mètres.
Argile tenace homogène.	2.3	4.6	7.0	9.2
Terres franches argileuses, avec couches de sable alternant.	5.0	10.0	15.0	20.0
Sols calcaires mêlés d'argile légère, sable et gravier alternés.	6.4	12.8	19.2	25.6
Argiles semblables aux précédentes avec fréquentes intermittences de sables et graviers.	7.3	14.6	21.9	29.2
Argile très-légère et sabloneuse.	9.1	18.2	27.3	36.4
Terres graveleuses.	10.0	20.0	30.0	40.0
Sols poreux, calcaires et sableux.	11.0	22.0	33.0	44.0

Quant à l'influence de la profondeur sur l'espacement dans le même terrain, nous croyons pouvoir indiquer les chiffres suivants pour terres franches :

PROFONDEUR.	ESPACEMENT.	PROFONDEUR.	ESPACEMENT.
mètres.	mètres.	mètres.	mètres.
0.9	8.5	1.40	21.0
1.0	10.0	1.50	25.0
1.1	12.0	1.60	29.5
1.2	14.5	1.70	34.0
1.3	17.5	1.80	38.5

Voici du reste, d'après divers auteurs, des espacements qui vérifient les chiffres que nous proposons ci-dessus.

NATURE DES TERRES.	Profondeur.	Espacement.	Auteurs.	OBSERVATIONS.
	m.	m.		
Argile jaune compacte.	1.30	15	Lauret.	Barral.
Terres tourbeuses, sur marne verte peu compacte.	1.06	11	—	Id.
Terre jaune argileuse très-compacte, avec meulières.	1.30	15	—	Id.
Argile jaune alternant avec des marnes vertes et blocs erratiques éboulant.	1.30 1.05	19.5 11.5	— —	
Sol argileux, sous-sol de glaise, de marne glaiseuse et grasse.	1.20 1.20	10 10	Parkes. —	Drainage fait par une compagnie, au mètre.
Terrain argileux compacte, avec meulières.	1.30	15	—	
Terres franches argilo-siliceuses de la Brie, sous-sol argilo-calcaire et tuf argileux siliceux.	0.80 1.35 1.15	20 20 17.5	— — —	Insuffisant.

Avec les chiffres qui précèdent, le draineur ne peut en aucun cas être embarrassé, et il sera maître de choisir les profondeurs et les espacements qui lui présenteront le plus d'économie ou le plus d'efficacité.

§ 5. — DES DIVERS DRAINS ET DE LEURS POSITIONS RELATIVES.

Drains de desséchement ou petits drains. — Nous avons dit, dans le paragraphe 2 de ce chapitre, que les drains d'asséchement devraient être dirigés suivant la plus grande pente du sol, c'est-à-dire normalement aux lignes horizontales qui, presque généralement, sont courbes. Or, si (fig. 27) l'on trace ainsi tous les drains, on voit qu'ils seront *convergents* dans les dépressions du sol et *divergents* sur les contreforts ou surélévations. Ce tracé rigoureux ne doit être adopté qu'exceptionnellement et, dans la plupart des cas, on doit faire les drains PARALLÈLES entre eux, soit dans toute l'étendue de la pièce de terre à drainer, soit au moins par séries. Le plan de drainage (fig. 28) représente le tracé fait suivant ce système dans un champ étendu et de forme irrégulière.

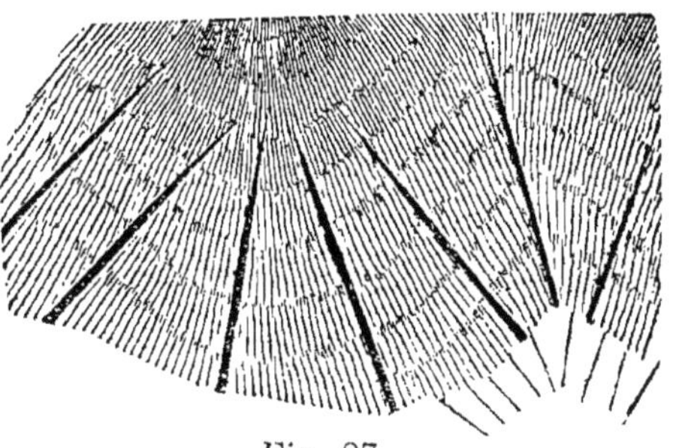

Fig. 27.

Le *parallélisme* des drains a plusieurs avantages notables : en premier lieu, l'assèchement est uniforme pour la zône comprise entre deux drains parallèles, ce qui n'aurait plus lieu pour des drains divergents (fig. 27), car la

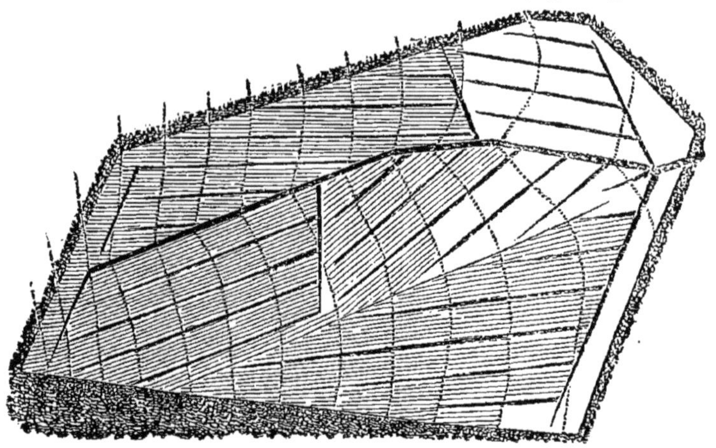

Fig. 28.

portion de la zône où les drains sont rapprochés serait mieux assainie que la partie où les drains sont très-écartés ; en deuxième lieu, pour avoir un assèchement moyen égal à celui des drains parallèles, d'un écartement de 10 mètres par exemple, il faut que les drains divergents soient écartés de 8 mètres au plus au milieu de leur longueur, c'est-à-dire que, pour la même surface, il y aura plus de longueur totale de drains si on ne les fait pas parallèles ; en troisième lieu, le parallélisme admis, l'opération du tracé est plus rapide ; enfin, le repérage des drains, opération nécessaire pour retrouver à volonté les conduits dans les cas d'obstructions nécessitant des réparations, sera plus facile et plus certain.

En principe, pour arriver dans tous les cas à tracer

les drains par séries parallèles, il faut *redresser les courbes de niveau* et les diviser en portions dont les directions soient sensiblement parallèles. Quelques exemples suffiront pour faire comprendre la manière d'opérer.

Premier exemple : Soit le terrain **A B C D** (fig. 29), dont les horizontales et les hâchures indiquent qu'il présente une dépression du côté **C B** et un faîte **M** à peu près dans le milieu; on tracera

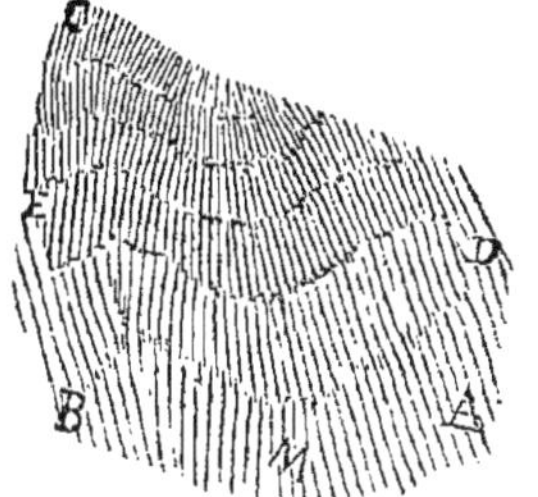

Fig. 29.

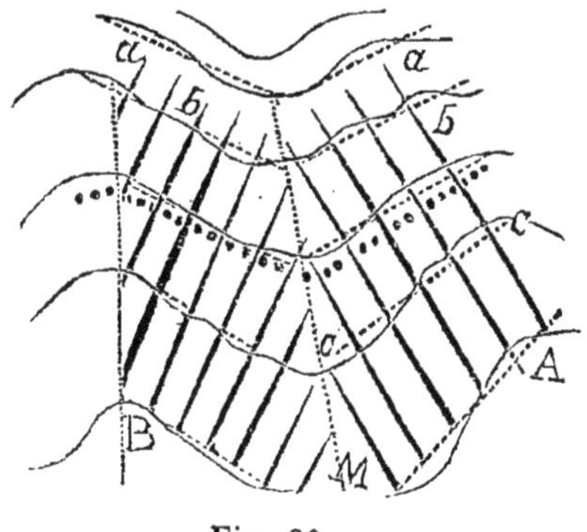

Fig. 30.

(fig. 30) des droites ponctuées *a a*, *b b*, *c c* s'écartant le moins possible des portions de courbes placées sur le versant **M B** ; on tracera de semblables droites sur le versant **M A**, et enfin, sur un troisième versant, on redressera les courbes de la même façon. On prendra ensuite pour chacun des versants, si leur longueur est assez faible pour que cela soit possible, une direction moyenne...... entre les trois droites *a a*, *b b*, *c c* et les drains de chacun de ces versants seront tracés normalement à cette direction moyenne ; on agira de même pour tous les autres versants, et les drains d'asséchement seront déterminés de position de la meilleure manière possible.

Deuxième exemple : Soit à tracer le drainage du bas-fond A B C (fig. 31); on voit facilement qu'il y a possibilité de diviser ce terrain en trois versants : les lignes ponctuées finement (fig. 32) ou en petits *points*, indiquent le redressement des courbes horizontales, et les quatre lignes de gros points, sont les lignes transverses moyennes de chacun de ces versants; les drains de dessèchement sont indiqués en lignes pleines augmentant de largeur dans le sens de la pente. Ce travail exige un peu d'étude, mais ne présente pas de difficulté sérieuse; s'il n'était pas possible, dans certains cas, de redresser partout les courbes sans trop s'écarter de leurs directions, on pourrait tracer quelques drains divergents ou convergents, mais cela ne doit se faire qu'exceptionnellement.

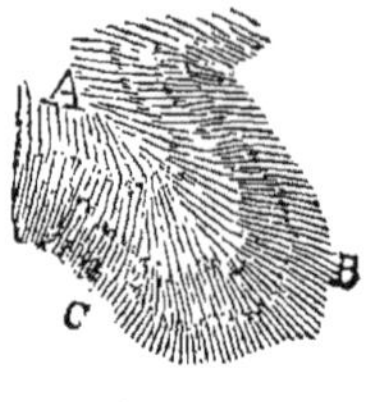

Fig. 31.

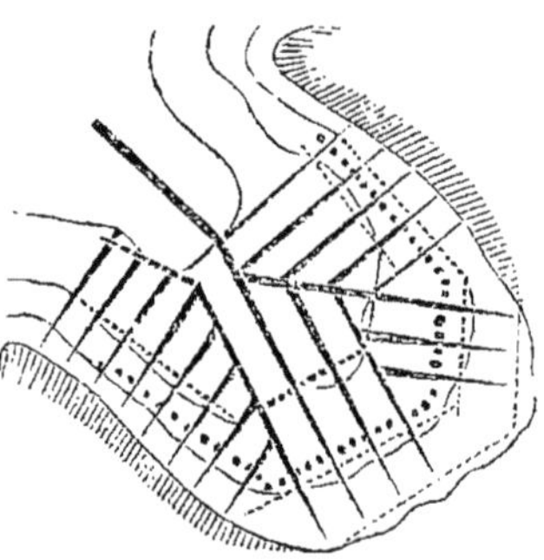

Fig. 32.

Drains collecteurs. — L'eau recueillie par tous les drains d'asséchement doit se réunir, pour chaque série parallèle, dans des drains d'un plus grand diamètre dits *collecteurs*. Ces drains ne peuvent qu'exceptionnellement se trouver dans le sens de la plus grande pente, et généralement ils sont tracés transversalement aux autres drains, et par suite ont une pente naturelle très-faible ou même presque nulle. Nous verrons, en parlant de l'exécution des drains, comment on pare à ce défaut de pente.

Un drain servant à l'assèchement à son origine, peut à la fin devenir collecteur et recevoir les eaux de plusieurs autres drains; ces changements de destination dépendent des circonstances, et c'est au draineur à rechercher les meilleures dispositions, soit pour diminuer autant que possible les collecteurs, soit pour les placer dans la meilleure position, soit pour réduire les points de débouchés au minimum. Faire de nombreuses ÉTUDES ou essais de tracés sur des terrains de formes diverses en relief et en plan est la seule manière de s'habituer à vaincre les difficultés. Nous donnons plus loin quelques exemples.

Les *drains d'isolement*, destinés à empêcher que les eaux des champs du voisin ne puissent rendre humide le terrain que l'on veut drainer, doivent toujours, autant que possible, être menés parallèlement aux limites du champ ; mais on doit toujours rechercher quelle serait alors la pente qu'ils auraient, et faire en sorte que ces drains puissent écouler les masses d'eau qu'ils recueillent des parties supérieures jusque dans un *drain collecteur*.

Lorsque le terrain à drainer présente des arbres, des haies, on doit, pour éviter les obstructions que pourraient causer dans les tuyaux les queues de renard formées par les prolongements des radicelles des arbres ou arbrisseaux, se tenir à une notable distance, soit 10 à 12 mètres au plus. Cette distance dépend surtout de la propension plus ou moins grande des arbres, suivant leur genre, à pousser leurs radicelles vers l'eau souterraine.

SECTION III.

EXÉCUTION DU TRACÉ.

CHAPITRE PREMIER.

Instruments.

§ 1er. — GÉNÉRALITÉS.

La direction des drains dépend essentiellement, comme nous venons de le voir, de la détermination des pentes et des lignes de plus grande pente en particulier. Dans quelques cas exceptionnels, un homme exercé peut les déterminer à la seule inspection du terrain ; mais dans la presque généralité des cas, il est indispensable d'employer des instruments spéciaux, et ce n'est même qu'après un long usage de ces appareils que le draineur, ou l'irrigateur, peut acquérir un coup d'œil assez juste pour tracer de suite les pentes. L'ensemble des opérations à faire pour *déterminer le relief* d'un terrain et y *tracer des lignes de pente fixée*, s'appelle NIVELLEMENT.

Les opérations du nivellement ont pour but la résolution de deux problèmes : en premier lieu, *trouver la différence de hauteur* entre deux ou plusieurs points ; en deuxième lieu, *établir*, à la surface d'un sol quelconque, *des lignes horizontales ou d'une pente déterminée*, et comme variante de ce second problème, tracer ces mêmes lignes souterrainement.

La différence de hauteur entre les points se conclue de la mesure des distances verticales de ces points à un plan que l'on nomme plan de *niveau* et que l'on établit au moyen d'instruments appelés eux-mêmes NIVEAUX.

Les *niveaux* adoptés dans la pratique sont de trois genres : les *niveaux d'eau*, les *niveaux à bulle*, les *niveaux à perpendicule.*

Ces niveaux varient dans leur construction et leur emploi qui est plus ou moins favorable aux opérations à effectuer, mais leur but, leur fonction, est toujours d'établir le plan de niveau que l'on prolonge par des règles ou des rayons visuels, et auquel on rapporte les points du terrain dont les hauteurs relatives doivent être connues : ainsi, quelque soit le niveau que l'on emploie, les opérations du nivellement et leurs résultats seront toujours de la même espèce.

§ 2. — NIVEAU D'EAU.

Si dans une rigole A B (fig. 33) on arrête l'eau par un barrage C, elle se met en équilibre suivant un plan horizontal C E ; la hauteur C D est ce qu'on appelle la pente du point E au point D. Voilà un premier moyen de déterminer la *pente* ou distance verticale entre deux points E et D, et, dans les tranchées de drainage, il peut s'appliquer quelquefois avec avantage.

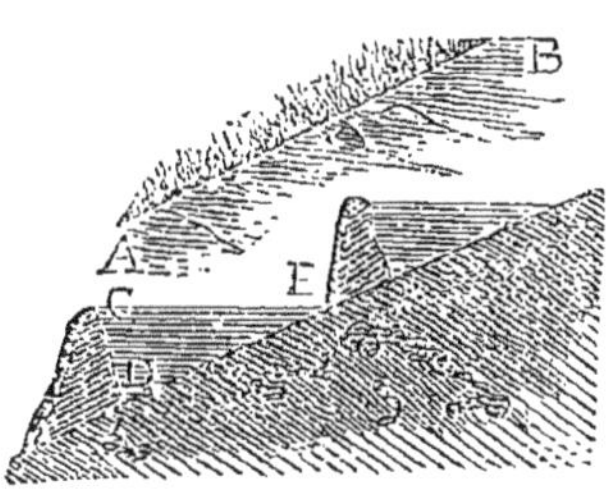

Fig. 33.

Soit un tube flexible A B C D (fig. 34) terminé à ses extrémités par deux fioles de verre et rempli d'eau : si l'on tient ce tuyau en A près du point B, qu'on le soulève assez en D pour que l'eau ne puisse jaillir par l'orifice de la fiole D puis qu'on mesure la verticale A B en dessous de la surface de l'eau de la bouteille A (soit A B=0,50); que l'on mesure de même la verticale D C en dessous du niveau de l'eau de la fiole D (et soit D C = 1,50), il est visible que la différence (1,50 — 0,5 = 1 m.) entre ces deux hauteurs donne la différence de niveau entre les deux points B et C, ou ce qu'on appelle la pente totale de B en C. On voit que cet appareil est fondé sur le principe de l'équilibre de l'eau dans deux vases communiquant; il ne peut être employé que pour de faibles distances.

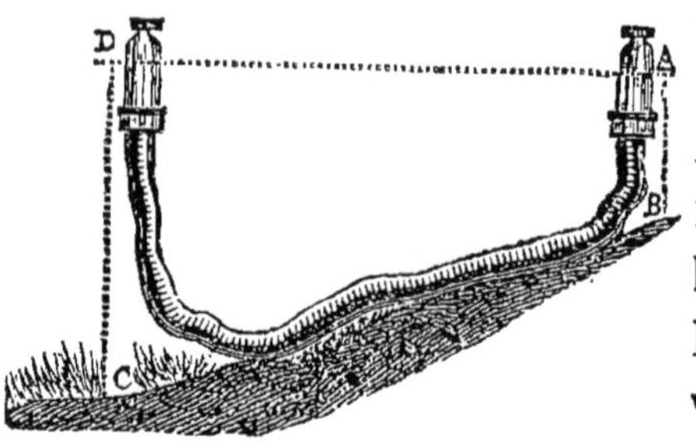

Fig. 34.

Le *niveau d'eau ordinaire* est fondé sur le même principe, mais il permet de *niveler* des points situés à d'assez grandes distances (60 à 80 mètres).

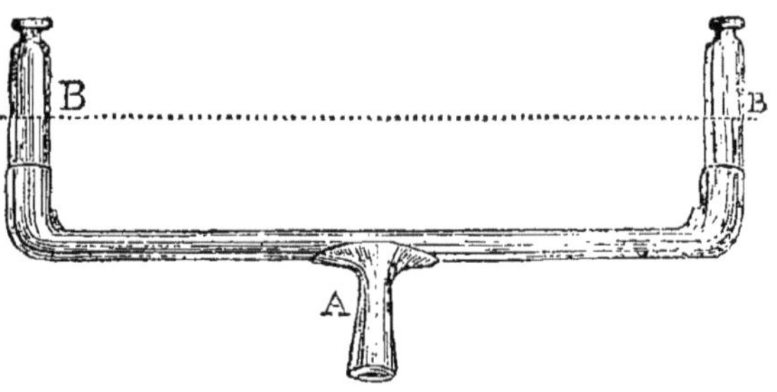

Fig. 35.

Il se compose d'un tube en fer blanc, en zinc ou en cuivre (fig. 35), recourbé deux fois d'équerre et terminé à ses extrémités par deux fioles en verre.

Il se pose sur un pied ordinaire à trois branches (fig. 36) au moyen d'une douille. On le remplit d'eau, lorsqu'on doit niveler, de manière à ce qu'elle arrive au milieu de la hauteur de chaque fiole, et c'est le plan de cette eau en repos qui sert de guide pour l'établissement du plan horizontal de comparaison.

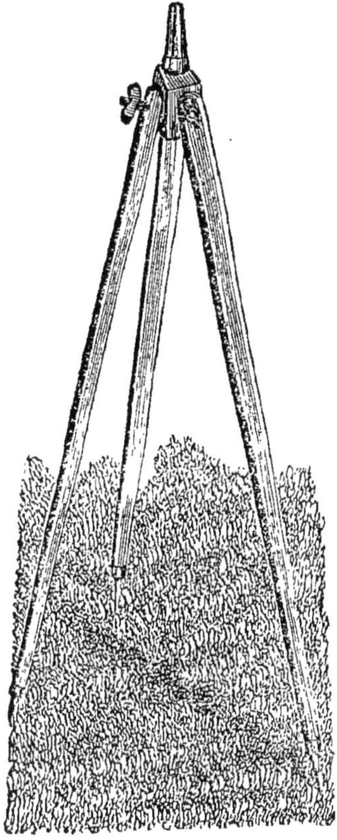

Fig. 36.

Un niveau d'eau, pour être bon, doit avoir une longueur d'environ 1 mètre 30 cent., des fioles d'un diamètre de 5 à 6 centimètres et bien cylindriques sur toute leur hauteur, sans irrégularités ni défauts dans le verre ; les deux fioles doivent aussi avoir même diamètre.

Tous les niveaux remplissant ces conditions sont d'un bon emploi, quelque simplement construits qu'ils soient du reste ; mais on ajoute souvent certaines dispositions dont le but est de faciliter l'emploi du niveau sous le rapport de la promptitude de la pose et de la justesse d'observation. Nous allons examiner la plupart de ces dispositions :

1° *Niveau à douille simple.* Ce niveau, représenté fig. 35, est le plus simple et le moins coûteux, mais il exige beaucoup de soin et une certaine habitude pour la pose du trépied, car il faut que l'extrémité A (fig. 36), soit placée à très-peu près verticalement, afin que, lorsqu'on fera tourner l'instrument, il ne s'en échappe pas d'eau, et qu'elle reste constamment visible dans les deux fioles.

2° *Douille à genou*. Cette douille (fig. 37) permet de poser plus rapidement le pied du niveau, car le sommet A (fig. 36), ou la douille, n'étant pas parfaitement vertical, il suffit d'incliner le genou B (fig. 37) pour parvenir à mettre le tuyau à peu près horizontalement. Le genou augmente le prix d'environ quatre francs.

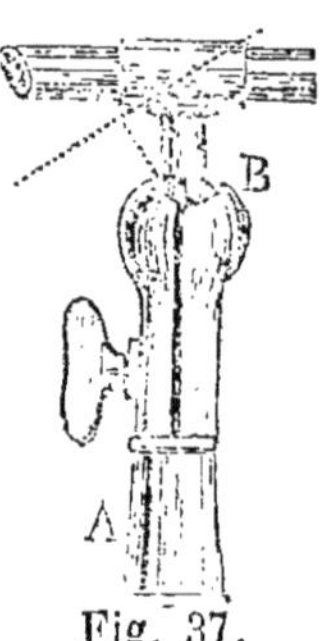

Fig. 37.

D'autres niveaux, ceux dont les tuyaux sont en cuivre particulièrement, outre l'adjonction d'un genou, sont disposés sur un petit plateau circulaire (fig. 38) autour du centre duquel ils peuvent tourner au lieu de faire tourner le genou comme dans le cas précédent, ou la douille, comme dans le niveau le plus simple; en outre, une vis B permet d'arrêter le niveau lorsqu'il est placé horizontalement dans la direction voulue.

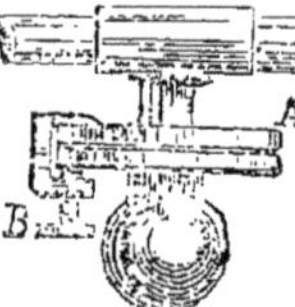

Fig. 38.

Sous le rapport de l'assemblage des fioles avec le tube, on a des fioles *inamovibles* dans les niveaux simples, des fioles se *vissant* sur le tube, des fioles à *garnitures rodées*. Toutes ces fioles sont luttées dans une garniture en métal au moyen d'une cire particulière : lorsque ce lut est en partie brisé et que la jonction du verre et du métal laisse fuir l'eau, on peut le réparer soi-même en faisant chauffer une lame de couteau et la passant sur la cire du joint pour la faire fondre, étaler et remplir le joint (fig. 39 et 40).

Le système d'assemblage à vis des fioles sur le tube est représenté fig. 39; une rondelle en cuir gras, interposé dans le joint, assure l'étanchement.

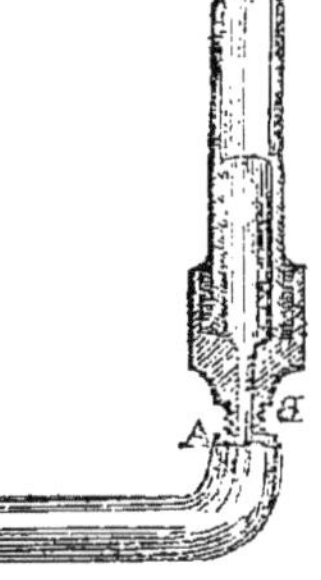

Fig. 39.

Enfin, la fig. 40 représente les fioles à garnitures rodées, c'est-à-dire que leur base en cuivre est tournée en cône renversé ; cette partie vient s'ajuster à frottement sur un appendice conique de chaque bout du tuyau : ce joint se fait en usant l'une sur l'autre les deux surfaces avec de l'émeri : ce système est un des meilleurs que nous connaissions; les fioles peuvent être d'un grand diamètre; elles se démontent et peuvent être placées dans une boîte, ce qui évite les ruptures.

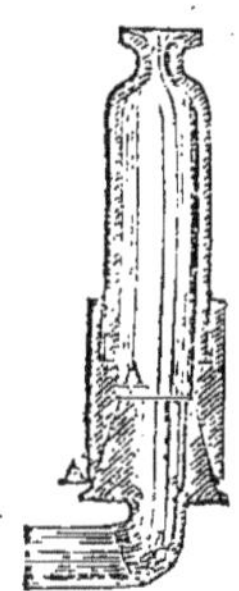

Fig. 40.

§ 3. — NIVEAU A BULLE.

Il se compose d'un tube de verre légèrement convexe enchâssé dans une garniture en cuivre (fig. 41) fixée sur une

Fig. 41.

platine aussi en cuivre B B. Le tout est disposé de telle sorte que, lorsque la platine est horizontale, la *bulle* se place au milieu du tube entre deux traits ou *repères* indiqués par le constructeur sur le tube en verre. La moindre élévation d'une des extrémités de la platine fait aller la bulle de ce côté. Ce niveau est d'autant plus sensible que la courbure du tube de verre est plus faible : le mouvement de la bulle est alors presque continu.

Le niveau à bulle simple (fig. 41) sert pour le nivellement des petites longueurs, concurremment avec une règle A B (fig. 42), de 2 à 4 mètres de longueur, bien dressée et non sujette à se gauchir, ce à quoi l'on arrive en la formant de deux ou trois règles très-minces boulonnées ou chevillées l'une à l'autre.

Fig. 42.

Pour les grandes distances, on adapte une lunette au niveau même (fig. 43). C'est alors l'ins-

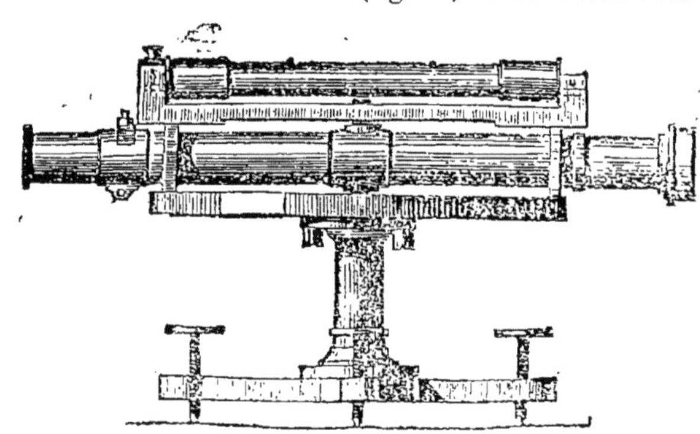

Fig. 43.

trument le plus parfait pour le nivellement ; mais il est tellement coûteux et son emploi exige une si grande habitude que nous ne croyons pas devoir en conseiller l'usage aux agriculteurs, dont les travaux peuvent se faire avec une exactitude très-suffisante au moyen du niveau d'eau ordinaire. — Nous ne parlerons donc pas en détail des *niveaux à lunettes* qui d'ailleurs sont diversement construits et exigent par suite une explication particulière pour chaque appareil.

§ 4. — NIVEAUX A PERPENDICULE.

Le principe de ces niveaux est bien simple: il est basé sur la verticalité d'un fil à plomb libre. Soit une ligne AB (fig. 44); au milieu C élevons une perpendiculaire

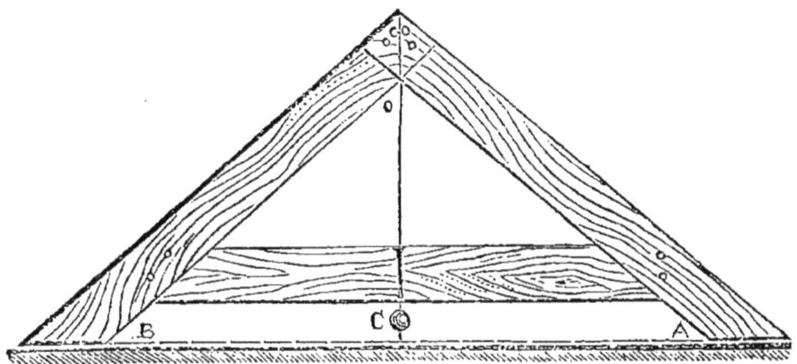

Fig. 44.

CO, et supposons que AB soit le bord inférieur des deux règles OA, OB, comme l'indique la figure, et qu'au point O, pris sur la perpendiculaire CO, on fixe l'extrémité d'un fil à plomb. Il est évident que toutes les fois que la ligne AB sera horizontale le fil à plomb passera par le point de repère C, tracé sur la traverse et que, au contraire, toutes les fois que ce fil ne passera pas par le point de repère (fig. 45), ce sera une preuve que AB n'est pas horizontale: le point B sera le plus haut si la verticale tombe à gauche de C.

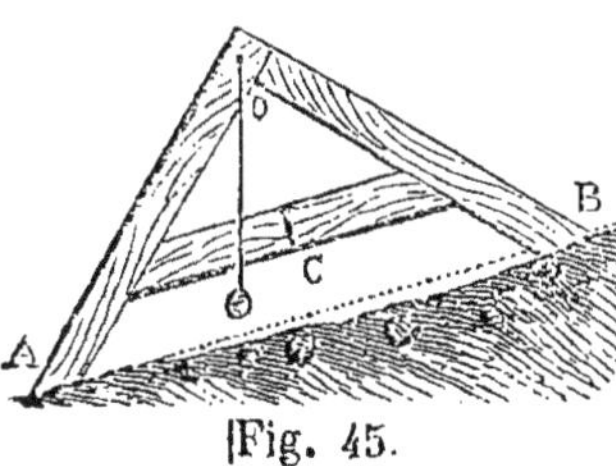

Fig. 45.

Le niveau que nous venons de décrire est le niveau ordinaire des maçons: il sert pour les petites étendues et on le pose ordinairement sur une règle **AB** (fig. 46), comme dans le cas précédent. On a cependant fait des niveaux à perpendicule destinés à être employés sur le terrain pour de grandes lignes, soit pour les irrigations, soit pour le drainage. La fig. 47 représente un de ces niveaux : c'est une espèce de grand compas d'arpenteur disposé comme un niveau de maçon ; les pointes sont écartées de deux mètres l'une de l'autre. Il sert à tracer des lignes horizontales, ou même de pente si la traverse est graduée en doubles millimètres.

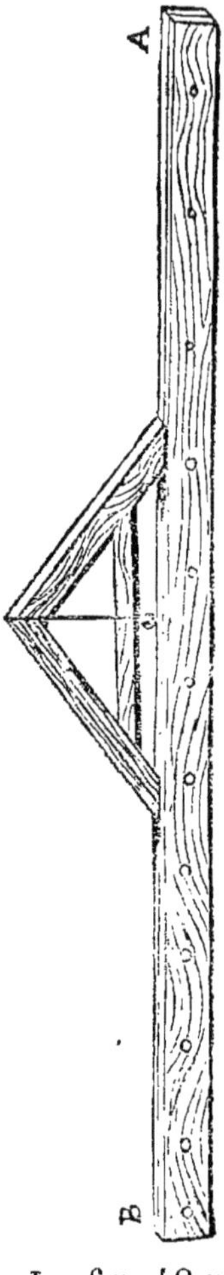

Fig. 46.

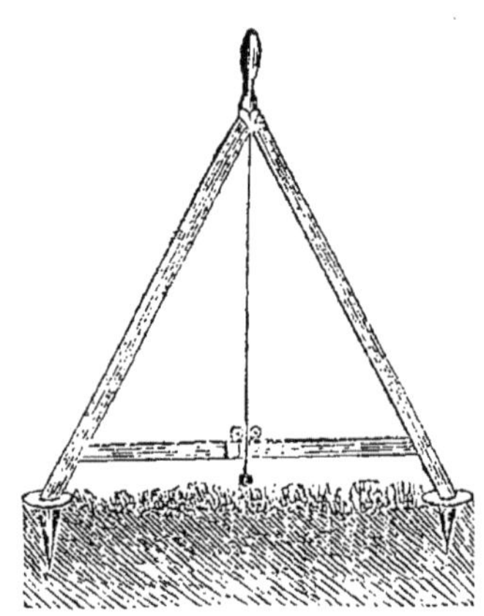

Fig. 47.

La fig. 48 représente un autre niveau à perpendicule ; il peut servir comme le niveau d'eau : il est fait de telle manière que lorsque la ligne verticale C O passe par le point de repère **M**, elle est perpendiculaire à la droite A B;

donc A B est horizontale lorsque le niveau est placé de telle manière que C O passe par le point M. — Au moyen d'un rayon visuel, on peut prolonger l'horizontale A B jusqu'à une distance de 30 à 40 mètres et par suite ce niveau peut servir à niveler des points distants de 60 à 80 mètres.

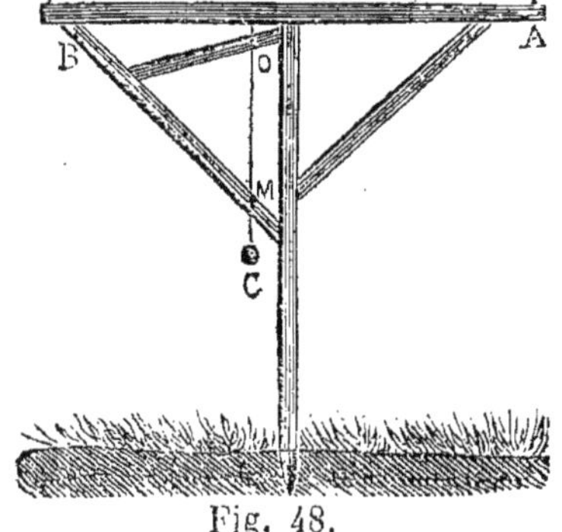

Fig. 48.

§ 5. — MIRES.

Lorsqu'on emploie le niveau d'eau ordinaire, le niveau à lunette, ou le dernier niveau à perpendicule, on se sert simultanément d'un autre appareil B C (fig. 49), appelée mire : il se compose d'une règle B C de deux mètres divisée en décimètres et centimètres, d'une autre règle intérieure glisant dans une coulisse de la première règle, et qui permet d'allonger cette dernière de 2 mètres. Une plaque de tôle, peinte en blanc et noir ou blanc et rouge, peut glisser le long de ces deux règles et se fixer, au moyen d'une vis de pression, dans la position indiquée par les plans de niveau des instruments. Cette plaque mobile s'appelle *voyant* et porte à l'arrière un vernier ou plutôt

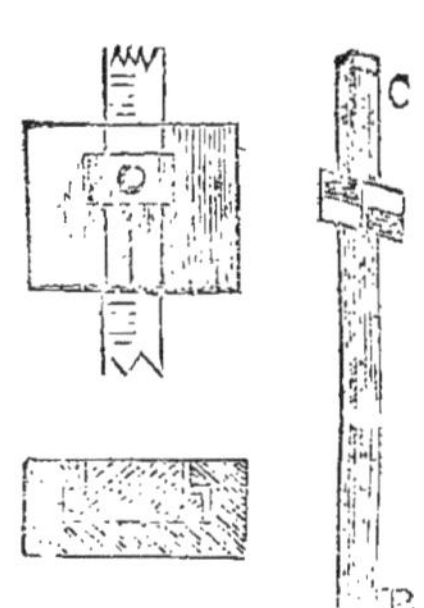

Fig. 49.

une petite règle divisée en millimètres dont le 0 correspond au milieu même des quatre carrés colorés du voyant : c'est donc jusqu'à ce 0 qu'on doit lire la hauteur indiquée par la règle et que l'on apprécie les millimètres.

Certaines mires n'ont pas de règle intérieure, ce qui diminue leur prix de revient : enfin, dans quelques cas, on pourra se dispenser d'employer la mire et se servir de petits bâtons de longueur déterminée, et dont le voyant sera formé par une planchette clouée au sommet (fig. 50.)

Fig. 50.

§ 6. — NIVELETTES.

Les nivelettes sont simplement composées d'une espèce de règle A C (fig. 50), à l'extrémité de laquelle on cloue une planchette C D que l'on peut peindre comme un voyant de mire. — On doit avoir trois nivelettes de hauteur parfaitement égales. On s'en sert pour régulariser les pentes entre deux points peu distants. — Nous aurons plus loin l'occasion d'expliquer leur usage.

CHAPITRE II.

Emploi des instruments.

Le draineur n'aura que trois genres d'opérations à effectuer avec des niveaux : 1° trouver la différence de hauteur entre deux points plus ou moins éloignés ; 2° tracer des lignes horizontales ; 3° tracer des lignes d'une pente déterminée.

§ 1. — DÉTERMINATION DES DIFFÉRENCES DE NIVEAU.

Au moyen d'un niveau d'eau ordinaire. Soit à déterminer la différence de niveau entre les points A et B (fig. 51).

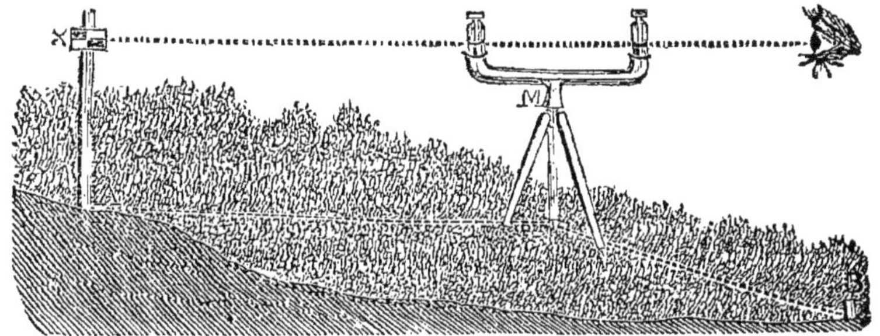

Fig. 51.

On remplit d'eau l'appareil jusqu'à la moitié des fioles environ ; puis le pied est placé, autant que possible, à égale distance des deux points A et B, soit sur la droite qui les joint, soit en dehors : le pied doit être placé de façon que la tige M (fig. 51) soit sensiblement verticale lorsque l'appareil employé est à douille simple ou sans genou. On doit alors pouvoir faire un tour d'horizon sans que l'eau cesse d'avoir son niveau visible simultanément dans les deux fioles de verre.

On fait alors placer la *mire* sur le premier point A et l'on fait tourner doucement le niveau jusqu'à ce que le rayon visuel tangent aux deux fioles passe par la règle de la mire. Arrivé dans cette position, on laisse se reposer l'eau par une suite d'oscillations, et lorsque ce repos est sensiblement obtenu, on fait passer un rayon visuel extérieurement aux fioles et dans le plan des surfaces de l'eau, surfaces rendues visibles par ce que les physiciens appellent *ménisques* (légère courbure du niveau de l'eau sur les parois intérieures du verre), et le niveleur indique par *signes*, au *porte-mire*, qu'il faut baisser ou hausser le voyant. Ces abaissements ou exhaussements sont faits jusqu'à ce que le rayon visuel, passant exactement par les ménisques, coupe le voyant de la mire dans la ligne médiane (fig. 51). Alors la hauteur du centre du voyant au-dessus du point A, où est la mire, indique la position de ce point au-dessous du plan prolongé de l'eau dans le niveau : cette hauteur, qu'on lit derrière la mire, s'appelle la *cote* du point A, ou dans quelques cas, *le coup-arrière sur A*. Cette cote inscrite, on fait tourner le niveau jusqu'à ce que les fioles soient dans l'alignement du second point et le reste de l'opération se faisant comme précédemment, on trouve la cote du point B. Si, par exception, ces deux cotes sont égales, c'est que les deux points A et B se trouvent à égale distance au-dessous du plan horizontal de l'eau, c'est-à-dire dans un plan parallèle à ce plan de niveau et par suite *horizontal* aussi : c'est pourquoi, dans ce cas, on dit que les points A et B *sont de niveau.*

Tous les points qui ont la même cote pour une même station du niveau sont dans même plan horizontal ou sur une même horizontale.

Si les deux cotes sont inégales, ce qui arrivera le plus souvent, le point dont *la cote est la plus grande* est évidemment *le plus bas*. La différence entre les deux cotes est ce qu'on appelle la *différence* de niveau entre les deux points. Cette opération peut se faire ainsi toutes les fois que les points A et B ne sont distants que de 60 à 80 mètres au plus ; on l'appelle *nivellement simple*, et elle ne présente pas de difficulté sérieuse, mais seulement quelque soin pour la pose du niveau et l'habitude de *viser* juste d'un œil, en fermant l'autre.

Lorsque les deux points, dont on veut déterminer la différence de niveau, sont trop espacés, ou placés de telle sorte qu'on ne puisse les voir facilement et donner les deux coups de niveau, c'est-à-dire faire une seule station, on emploie le *nivellement composé ;* il ne diffère du précédent qu'en ce qu'il exige un certain nombre de stations successives.

Au-delà de 40 m., le milieu du voyant de la mire n'est plus guère distinct (cela dépend du reste de l'état de l'atmosphère), les couleurs du voyant papillottent et la plus faible erreur dans l'alignement des ménisques avec le voyant fait au-delà de 40 m. une différence notable de hauteur.

Soient donc (fig. 52) les deux points A et B assez distants l'un de l'autre pour qu'une seule station ne suffise pas ; tel serait, par exemple, le cas où l'on aurait à déterminer la pente totale entre le point le plus haut d'un champ à drainer et la surface de l'eau dans le ruisseau qui doit servir de récepteur des eaux du drai-

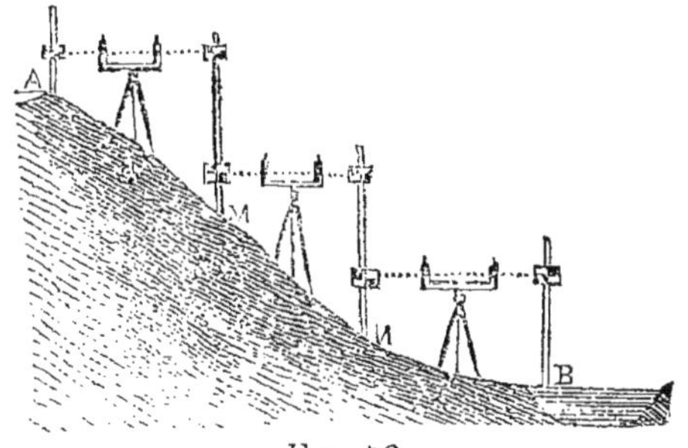

Fig. 52.

nage, pour s'assurer ainsi de la possibilité d'un bon écoulement. On choisira des points intermédiaires M et N en nombre tel que les distances A M, M N, N B soient chacune d'environ 40 à 60 mètres; puis on mettra le niveau en station à égale distance des deux premiers points A et M, et, en opérant comme nous l'avons expliqué ci-dessus, on déterminera la différence de hauteur entre les points A et M ; la cote A dans cette station est un *coup arrière*, celle de M dans la même station est un *coup avant.*

On transportera le niveau, pour une deuxième station, entre M et N, et l'on déterminera la cote sur M (coup arrière) et la cote sur N (coup avant), et la différence de ces cotes sera la différence de niveau entre M et N. En opérant encore de même, on aura la différence de niveau entre N et B : résultat, trois différences de niveau.

Si le terrain de A en B va toujours en descendant (figure 52), on dit que les trois différences de niveau sont *positives*, et en les ajoutant on a la différence totale ou de A en B, ce que l'on cherchait.

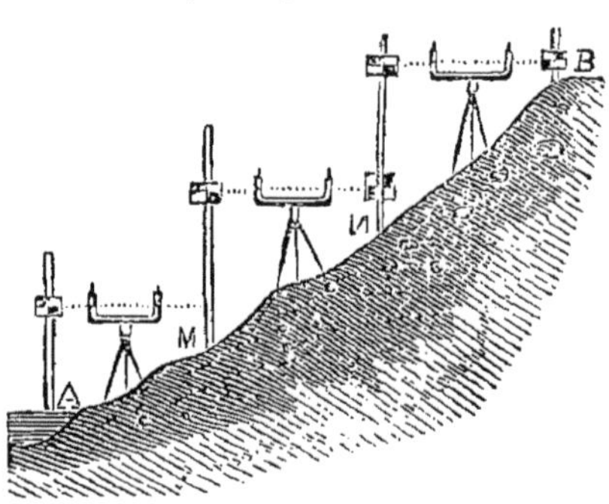

Fig. 53.

Si, au contraire, le terrain montait de A en B (fig. 53), les trois différences seraient dites *négatives* et en les ajoutant encore, on aurait la différence de hauteur cherchée (entre A et B).

Enfin, si le terrain (fig. 54) descend, puis monte, etc.,

les différences sont tantôt *positives*, tantôt *négatives*, comme on a imaginé de les appeler, pour tenir compte de cette particularité des deux sens de pente. D'habitude, les différences en *descendant* sont prises comme *positives* et précédées, sur le carnet d'écriture du nivellement, du signe +, tandis que les différences en *montant* sont *négatives*, et par suite précédées du signe —.

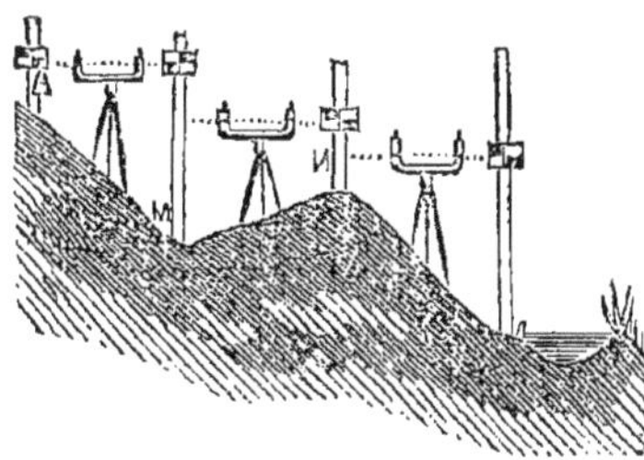

Fig. 54.

Dans le cas général (fig. 54), on fait la somme des différences positives et celle des différences négatives ; on retranche la plus petite somme de la plus grande, et le reste représente la différence de niveau entre les deux points extrêmes ; cette différence est du *signe* de la plus grande somme, c'est-à-dire positive ou négative suivant les cas.

Il est plus simple, dans un nivellement composé, de distinguer dans chaque station, comme nous l'avons déjà indiqué, un coup arrière et un coup avant ; c'est-à-dire que, des deux hauteurs de mire, celle qui est trouvée en tournant le dos à la direction de la ligne qu'on suit est appelée le coup arrière (c'est la première cote de chaque station), tandis qu'on nomme *coup avant* la cote déterminée en regardant du côté du point extrême sur lequel on marche pour effectuer le nivellement composé. Alors si l'on fait la somme des coups avant et celle des coups arrière, qu'on retranche la plus petite de la plus grande, on a la différence entre les points extrêmes et le signe de cette différence. Du reste, en tenant soigneusement un carnet de nivellement dans le genre de celui que nous indiquons ci-dessous, on ne peut avoir aucun doute sur les opérations à effectuer.

Supposons que le nivellement du terrain (fig. 54), nous ait donné les résultats suivants :

1re station.—Côte du point A = 1^{m} 304...du point M = 1^{m} 753;
2e station.—Côte du point M = 1^{m} 523...du point N = 1^{m} 258;
3e station.—Côte du point N = 1^{m} 104...du point B = 1^{m} 357,

On disposera ainsi le carnet et les écritures dans les colonnes. Chaque point sur le terrain est fixé par un *piquet* numéroté.

N^{os} DES		COUPS		DIFFÉRENCES DE NIVEAU		OBSERVATIONS.
stations.	piquets.	avant.	arrière.	positive ou en descendant.	négative ou en montant.	
1re	A	»	1.304	»	»	Haut du champ.
2[e]	M	1.753	1.523	0.449	»	»
	N	1.258	1.104	»	0.265	»
3[e]	B	1.357	»	0.[illegible]	»	Niveau de l'eau.
Totaux. .		4.368	3.931	0.702	0.265	
		3.931		0.2[illegible]		
Différence totale. .		0.437	......	0.437	......	

On remarque dans ce tableau que le premier point n'a qu'un coup et que c'est un coup arrière, que le dernier au contraire n'a qu'un coup,— avant —; que tous les autres points ont un coup avant et un coup arrière.

Si l'on se sert d'un niveau à lunette, l'opération se fait absolument de la même manière, si ce n'est qu'on peut donner des coups de niveaux plus longs, c'est-à-dire qu'on opère plus rapidement.

Enfin, si l'on se sert *d'un niveau à perpendicule du genre* (fig 48) *dit à visées,* on opère encore de la même manière, mais avec une exactitude moindre et des coups de niveau moins étendus.

Si l'on ne possède qu'un niveau de maçon, ou un niveau à bulle simple avec une règle (fig. 46 et 42), on peut encore déterminer la différence de niveau entre deux points, même assez éloignés, mais par une opération plus longue que précédemment et plus sujette à erreur : dans beaucoup de cas de la pratique du drainage, nous pensons qu'on pourra se contenter de ces appareils si simples et si peu coûteux, que tout cultivateur pourra employer d'après ce que nous allons exposer.

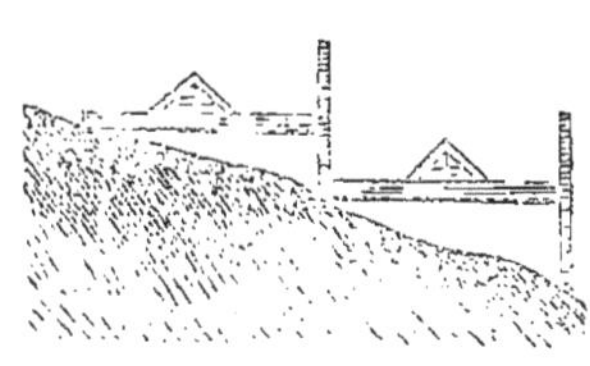

Fig. 55.

Soit à déterminer (fig. 55) la différence de niveau entre les points A et B : on se munit d'une règle de 2 à 4 mètres (fig. 55), d'un mètre ordinaire en bois, et d'un niveau de maçon (fig. 44).

On pose, dans la direction de la ligne à niveler, l'un des bouts de la règle sur le point A (fig. 55), et un aide soutient l'autre bout tandis que le niveleur pose son niveau sur la règle et fait soulever ou baisser la seconde extrémité de cette règle jusqu'à ce qu'elle soit de niveau ; alors il mesure avec son mètre la hauteur M A' soit + 0,149. Il place en M un petit piquet, l'aide pose la règle sur le point M et l'opération se fait pour cette nouvelle station comme précédemment, et ainsi de suite jusqu'à ce qu'on soit arrivé au point extrême B. On note sur un carnet ces différences successives sans autres indications que le signe + ou — devant les chiffres indiquant les mesurages ; on fait la somme des différences de chaque signe, et, comme nous l'avons dit, la différence entre ces deux sommes est la différence de niveau totale.

On agira absolument de la même manière avec une règle et un petit niveau à bulle, seulement nous pouvons dire, par expérience, que, dans ce second cas, on ira plus vite et on opérera plus exactement qu'avec le niveau de maçon.

Pour rendre ces opérations plus faciles, il sera bon de soutenir l'extrémité de la règle avec un piquet que l'on enfoncera plus ou moins, ou mieux encore d'établir une règle avec deux pieds, l'un fixe A (fig. 56), l'autre mobile B, et divisé en centimètres et millimètres : le pied mobile serait plus ou moins allongé suivant la pente du terrain, et une vis de pression le retiendrait dans la position cherchée lorsque le niveau indiquerait que la règle est horizontale.

Fig. 56.

§. 2. — TRACÉ DES HORIZONTALES.

Avec le niveau d'eau. — Soit à tracer à partir du point A et de droite à gauche, sur un terrain quelconque, une horizontale A B C (fig. 57), etc. Nous avons dit, dans le paragraphe précédent, que les points ayant la même cote, pour une même station, sont dans un même plan horizontal : donc, si ces points sont assez rapprochés l'un de l'autre, la ligne brisée formée par la jonction de ces points l'un à l'autre, successivement, est une *horizontale*. Il suit de là que, pour trouver les points B et C de la courbe horizontale partant du point A, il suffit de mettre le niveau en station en un point X tel que l'on puisse niveler dans un rayon de 30 à 40 mètres ; puis de placer la mire en A, et en faisant passer un rayon visuel par les deux surfaces de l'eau des fioles, extérieurement, faire baisser ou hausser le voyant de la mire jusqu'à ce que son milieu soit dans le prolongement horizontal du rayon visuel : alors on *fixe* le voyant dans cette position qu'il doit conserver pendant toute la station : (peu importe, du reste, la cote trouvée, on peut même ne pas la lire, il suffit qu'elle reste la même pendant toute la station). Faisant porter la mire en un point B distant de A de 10 à 12 mètres environ, on vise de nouveau et, si ce point est sur l'horizontale cherchée, le rayon visuel du niveau passera par le milieu du voyant ; si ce point, où la mire est placée, est trop bas, le rayon visuel passe au dessus du voyant, alors on indique, par signe, au porte-mire qu'il doit remonter sur le terrain en faisant un ou deux pas en arrière, *sans toucher au voyant*; si, au contraire, le rayon visuel aligné avec l'eau des fioles passe en dessous du voyant, il faut que le porte-mire descende sur le terrain ou vienne en avant: au moyen d'une suite de tâtonnements, en indiquant au porte-mire d'avancer ou de reculer, on parvient à trouver, quelque soit le terrain, un point B ayant la même cote que le point A. Sans changer de place le niveau, on trouve un second point C, et autant, du reste, que la portée du rayon visuel le permet et aussi rapproché qu'on peut le désirer.

Pour continuer le tracé de l'horizontale, on choisit une deuxième station Y telle que l'on puisse voir le dernier point C de la précédente station ; on fait alors mettre la mire sur ce point et, en visant, on fait baisser ou hausser le voyant jusqu'à ce que son milieu soit dans le plan horizontal du niveau de l'eau dans les fioles de l'instrument. On fait ensuite, comme dans la station précédente, porter la mire en des points D et E trouvés par tâtonnements et tels qu'ils ont la même cote que le point C.

En résumé, on agit par rapport au dernier point C de la première station comme on a fait pour le point de départ A. — Pour une troisième station on agit de même par rapport au dernier point D de la deuxième qui sert de nouveau point de départ. En continuant ainsi, on tracera l'horizontale sur toute l'étendue des champs à drainer.

Si l'on se sert du niveau à lunette (fig. 43), on agit absolument de la même manière: seulement, dans une seule station, on peut faire une plus grande étendue d'horizontale et plus exactement.

Avec le niveau à perpendicule (fig. 48), on procéderait encore de la même façon, mais par plus petits coups.

Si l'on ne dispose que d'un des niveaux (fig, 42, 46 ou 47), voici comment on doit procéder : on met une pointe du niveau (fig. 47 par exemple) sur le point de départ A (fig. 57), et on fait tourner tout l'appareil sur cette pointe

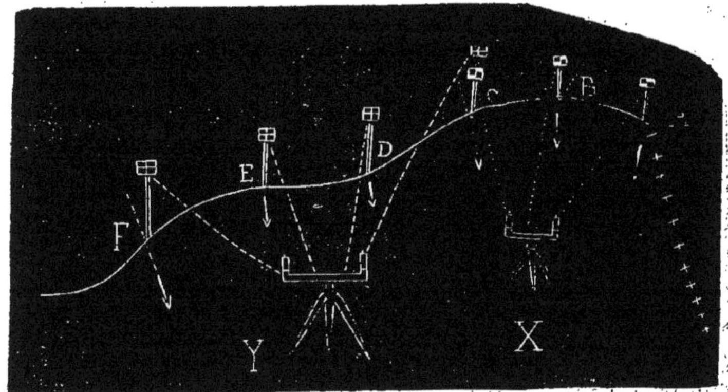

Fig. 57.

jusqu'à ce que l'autre étant aussi *plantée* en terre, le fil à plomb passe par le milieu de la traverse : alors le deuxième point B est de niveau avec le premier A ; on dégage la première pointe et on fait tourner l'instrument sur la deuxième jusqu'à ce que la première soit placée de telle façon que le fil à plomb passe au milieu de la traverse : en contiuuant ainsi, on détermine, tous les deux mètres (ouverture du niveau), un point de la courbe horizontale.

Avec ces petits instruments, les erreurs qu'on fait à chaque point peuvent s'ajouter et devenir très-notables au bout du champ. — Avec le niveau d'eau, les erreurs n'étant faites que tous les 60 mètres environ, le tracé de l'horizontale est beaucoup plus exact.

§. 3. — TRACÉ DES LIGNES D'UNE PENTE DONNÉE.

Le tracé de lignes ayant une pente régulière, de un ou plusieurs millimètres par mètre, se fait d'une manière à peu près analogue ; les différences essentielles sont les suivantes : 1° les points déterminés doivent être à des distances égales (10 mètres par exemple) l'un de l'autre ; 2° si le point de départ A (fig. 58) de la ligne de la pente

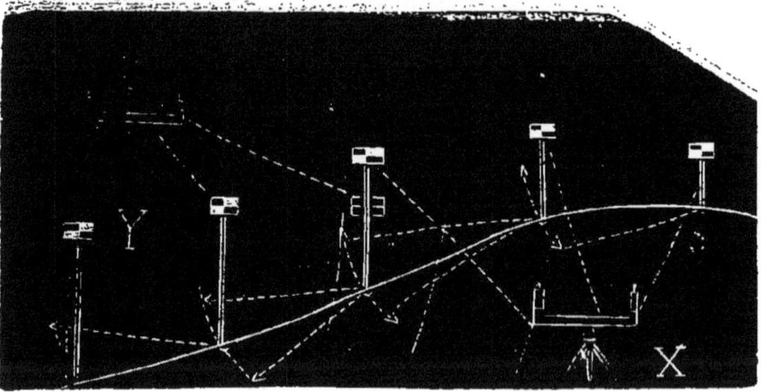

Fig. 58.

fixée à 1 centimètre par mètre par exemple, est le point le plus haut, il faut que dans chaque station les cotes des points successifs distants de 10 mètres, aillent en augmentant, point par point, de 10 fois un centimètre, la supposition de pente étant admise.

Lorsqu'on emploie le niveau d'eau, on procède ainsi : le niveau étant en station au point X on fait mettre la mire sur le point de départ A et lorsque par des signaux on a fait hausser ou baisser le voyant jusqu'à ce que son milieu soit dans le plan du niveau de l'eau, on *lit* alors la cote (soit 1,125), puis un aide fixe en A un cordeau de 10 mètres de long qu'il tient tendu et le porte-mire augmente la cote du point A de 10 centimètres (soit 1,225) et tient sa mire à l'extrémité du cordeau ; pour déterminer le point B il monte ou descend sur le terrain, suivant les signaux faits par le niveleur, en se tenant toujours à l'extrémité du cordeau qui décrit ainsi un arc de cercle de 10 mètres de rayon sur le terrain ; le point B déterminé, on y fixe le cordeau, on augmente la cote de 10 centimètres (soit 1,325) et on cherche par de nouveaux tatonnements le point C. Par des stations successives et en prenant toujours à chaque station pour point de départ le dernier point de la station précédente, on tracera la ligne ayant une pente de 1 centimètre sur toute l'étendue nécessaire.

Lorsqu'on ne dispose que des niveaux fig. 42, 46 et 47, on gradue les barres transversales (fig. 47) ou les pieds des règles (fig. 56), de façon à ce que, le fil à plomb passant par le point de repère correspondant à la pente fixée, la règle ou les pieds de ces niveaux soient sur une ligne de la pente donnée. Les erreurs sont très-faciles avec ces appareils ; mais, heureusement, le draineur a rarement ce dernier travail à exécuter.

§ 4. — TRACÉ DES LIGNES DE PLUS GRANDE PENTE.

Soient (fig. 59) A et B, deux horizontales d'un terrain quelconque distantes verticalement de 1 mètre ; d'un point M, pris sur une de ces horizontales, menons une ligne M N sur le terrain, et joignant les deux horizontales aux points M et N. On dit que la droite M N a *une pente* totale de 1 mètre, c'est-à-dire que la différence de niveau entre M et N est de mètre comme, du reste, entre deux points quelconques de ces horizontales. Or, la droite M N ayant 1 mètre de pente pour sa longueur totale, que nous supposons de 18 mètres, on voit que la pente de cette droite M N, serait par mètre, de $\frac{1}{18}$ ^{m} ou d'environ 55 millimètres; si l'on mène une autre droite M Q, du même point, elle sera plus grande (25 ^{m} par exemple) et alors sa pente par mètre ($\frac{1}{25}$, ou 40 millimètres) sera plus faible et d'autant plus faible que la ligne M Q sera plus longue; si, au contraire, on mène, du côté opposé, une ligne M O (de 10 ^{m} par exemple) plus courte que MN, sa pente sera plus forte ($\frac{1}{10}$ ^{m} ou 100 millimètres par mètre); enfin, il est visible que toutes les lignes qu'on mènerait sur le terrain par le point M auraient des pentes différentes; donc il y a une de ces lignes plus courte que toutes les autres (la perpendiculaire M O) et qui, par suite, a *la plus grande pente* qu'il soit possible de donner à une ligne tracée sur le terrain entre les deux horizontales, à partir du point M.

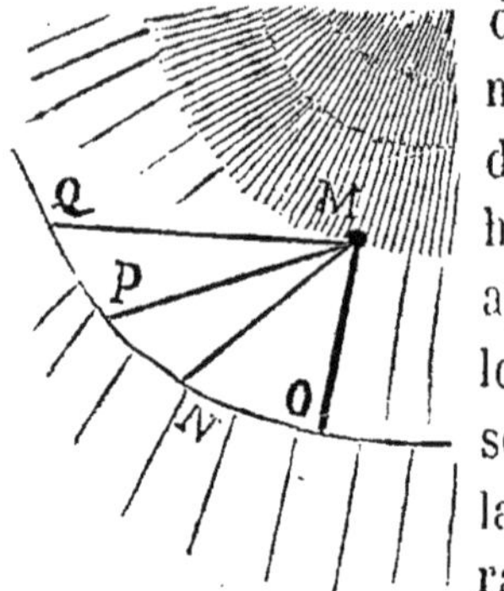

Fig. 59.

Les diverses lignes qu'on mènerait ainsi de plus grandes pentes seraient *normales* (perpendiculaires) aux directions élémentaires des courbes horizontales en ces points : on les nomme *lignes de plus grande pente.* Dans la représentation du relief des figures de la section I, les hachures sont précisément les lignes de plus grandes pentes. Lorsque les horizontales sont équidistantes verticalement, il est évident que les lignes de plus grandes pentes étant plus courtes dans les endroits où les courbes équidistantes sont rapprochées, la pente du terrain est plus forte en ces points, et que, réciproquement, les places dans lesquelles les horizontales sont très-espacées indiquent les endroits où le terrain a une pente très-faible ; on indique ces différences de pente en *forçant* beaucoup les hachures et les *serrant* dans les endroits de forte pente, et, en les traçant finement et très-espacées dans les pentes les plus faibles, en passant par tous les intermédiaires, comme les diverses figures données précedemment l'indiquent.

CHAPITRE III.

Tracé complet d'un drainage.

§ 1. — DES PLANS DE DRAINAGE.

On peut parfois, sans faire aucun dessin ou plan, effectuer un drainage en faisant tout le tracé sur le terrain même : ainsi on tracerait d'abord, sur la pièce à drainer, des horizontales, puis, sur ces courbes redressées, des lignes de plus grandes pentes qui indiquent la direction des drains de *desséchement* que l'on tracerait en les espaçant convenablement ; on tracerait ensuite les *collecteurs* en leur donnant une pente convenable, et enfin les drains *d'isolement* : mais, toutes les fois que le terrain sera assez étendu pour qu'on ne puisse faire le drainage en une seule campagne, ou lorsqu'on sera forcé de faire passer des collecteurs de décharge dans les terres d'autrui, il sera utile et même indispensable d'avoir un plan de drainage qui puisse servir à l'étude des meilleures dispositions d'ensemble et aux demandes et enquêtes pour l'application de la loi récente sur le drainage.

Ce plan peut se faire par trois méthodes différentes :

1° Par le tracé direct des horizontales suivi de leur relèvement ;

2° Par la décomposition du terrain en carrés ;

3° Enfin, par la détermination de *profils* en long et en travers du terrain.

§ 2. — MÉTHODE DES HORIZONTALES ET TRACÉ DIRECT SUR LE TERRAIN.

Soit **A B C D E** le plan du champ à drainer : on nivellera, avec un des instruments décrits au chap. Ier, le plus grand côté ou, au moins, un des côtés ayant à peu près le sens de la plus grande pente. Le nivellement de ce côté doit servir de liaison entre toutes les horizontales couvrant la surface du champ, et, par suite, si ce côté n'est pas suffisamment long, on le prolonge, ou l'on continue le nivellement sur le côté suivant.

Si la pente du terrain paraît notable, on tracera les horizontales distantes verticalement l'une de l'autre de 0 m. 50 à 1 mètre ; si la pente est moyenne, on les tracera distantes de 0 m. 20, et enfin de 0 m. 10 seulement lorsque la pente est très-faible. Cette distance déterminée, choisie, on place son niveau (et nous supposerons toujours que l'appareil employé est le niveau d'eau ordinaire) de manière à pouvoir niveler, dans cette station, une longueur de 40 à 50 mètres du côté A B. La mire étant placée au point A (fig. 60), on détermine la côte de ce point

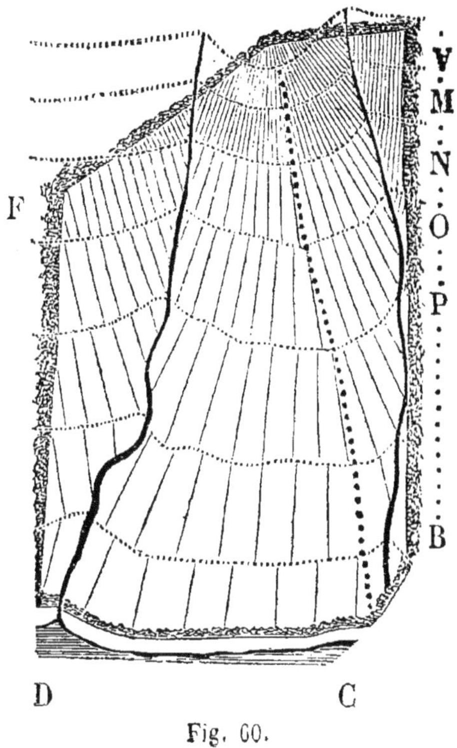

Fig. 60.

comme il a été expliqué (soit 1 m. 126), et l'on fait ajouter à cette côte la distance que l'on veut mettre entre les horizontales, soit 1 mètre ; nous supposons que le terrain descend de A vers B : alors le *porte-mire* descend sur le côté A B jusqu'à ce qu'il ait trouvé un point tel qu'en y plaçant la mire, la cote soit 1 m. 126 + 1 m., ou 2 m. 126 : alors ce point M est bien distant verticalement de A de 1 m., car les cotes de A et de M, pour la même station, dffèrent de cette quantité. Sans changer le niveau, on détermine encore, sur le côté A B, un point N tel que sa cote soit de 1 m. plus grande que celle du point M, c'est-à-dire 3 m. 126, et alors ce point est bien distant verticalement du point M de 1 m. On opère ainsi tant que l'on peut distinguer la mire depuis la première station ; soit P ce point extrême. Alors on transporte le niveau de façon à faire, à partir de P, une cinquantaine de mètres en descendant, et l'on agit pour cette station, et par rapport au point P, absolument comme l'on a procédé dans la première station et pour le point A. On fait une troisième et une quatrième stations s'il est nécessaire, et, en résumé, on continue ainsi sur toute la longueur du côté A B et sur C D si ce côté est en pente continue. On arrive à déterminer sur le contour A B C, une suite de points qui sont distants verticalement de 1 mètre. Cela fait, on numérote ces points : 0 pour le plus haut, 1 pour le suivant, puis 2, 3, 4, etc., etc.

Cette opération achevée, on trace à partir de chacun de ces points une horizontale de la manière que nous avons indiquée et avec celui des instruments décrits dont on peut disposer. Ces tracés préparatoires effectués, on trace les thalwegs et les faîtes qui doivent servir à diviser le relief courbe du sol (fig. 60), en une suite de plans gauches, comme il est indiqué dans la fig. 61, obtenue en redressant seulement les courbes horizontales, et enfin, en une série de *plans* moyens (fig. 62), obtenus en pre-

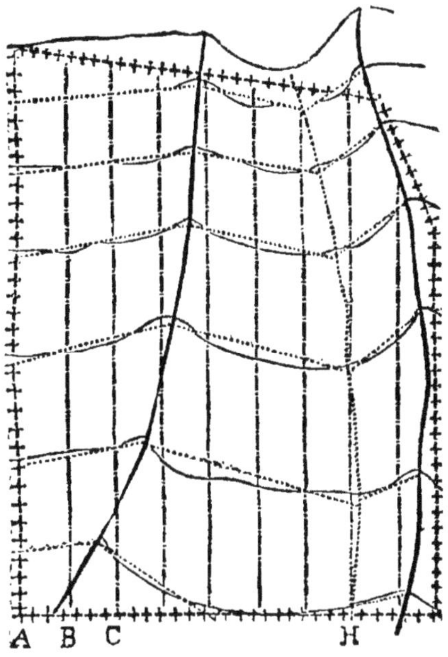

Fig. 61.

nant les directions moyennes des droites horizontales de la fig 60. Ces trois figures montrent le même terrain et les transformations auxquelles nous l'avons supposé soumis pour faciliter le tracé. A de rares exceptions près, ces transformations peuvent se faire sans que l'on s'éloigne sensiblement de la véritable forme du terrain ; pour éviter toute objection, nous avons toujours pris pour nos figures des *terrains réels* nivelés et relevés exactement par nous ou par nos élèves. Les fig. 60, 61 et 62 sont à l'échelle de 1 millimètre pour 10 mètres et représentent un champ de 14 hectares de superficie environ.

Tracé des thalwegs — D'après les observations faites

section I, il est évident que pour tracer les thalwegs du terrain réel (fig. 60), il nous a suffi de joindre l'extrémité des coudes des courbes dans les places où la convexité est tournée vers l'amont; ils sont indiqués sur la figure par des traits pleins et grossissants ; dans la figure 61 ils sont redressés, et enfin dans la figure 62 ils sont tracés de façon à indiquer la place réelle des *collecteurs* naturels.

Tracé des faîtes. — Ces lignes sont tracées en ponctué sur les figures 61 et 62; elles sont formées par la jonction des coudes dans les endroits où les courbes tournent leur convexité vers l'aval du terrain. Les drains de desséchement partant de ces faîtes s'en éloignent à droite et à gauche (fig. 62) ; ces lignes naturelles sont donc les sé-

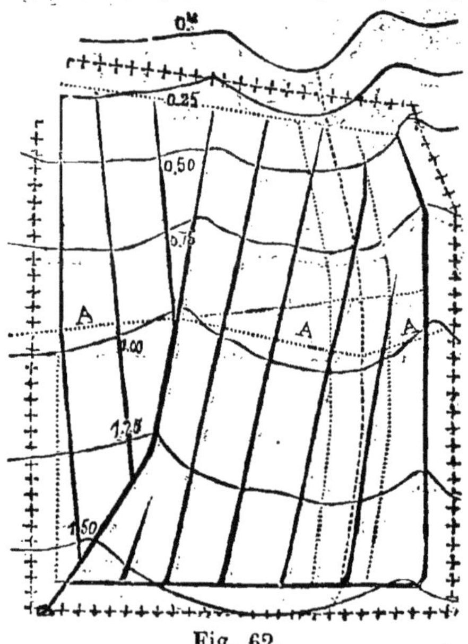

Fig. 62.

parations des séries de drains parallèles de desséchement.

Tracé des drains d'isolement. — Comme nous l'avons dit, ces drains sont placés sur les bords du champ, du côté où ils peuvent recevoir des eaux de terrains supérieurs contigus. Ces drains d'isolement sont T et T' (fig. 63) ;

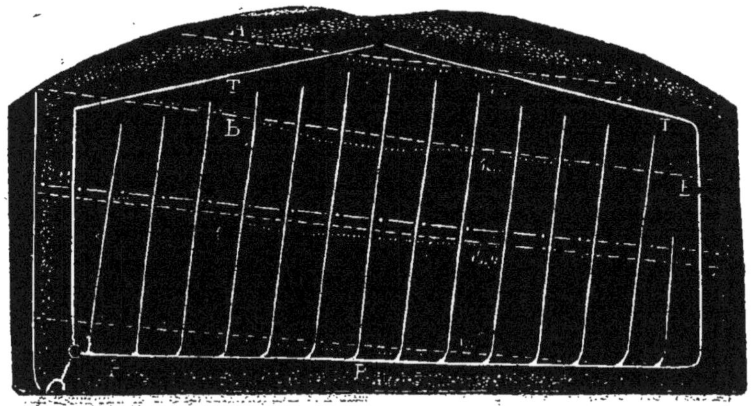

Fig. 63.

ils sont écartés des limites de la pièce d'une distance égale à la moitié environ de l'espacement des drains de desséchement ou à 10 mètres au moins si, sur les bords des champs, se trouvent des arbres ou arbrisseaux dont les racines pourraient s'introduire dans les drains et y produire ces paquets de *chevelu* appelés *queues de renard* et qui obstruent si souvent les conduits d'eau.

Tracé des collecteurs. — Toutes les fois qu'il se trouve dans la pièce un thalweg marqué, il est indispensable d'y placer un drain collecteur puisque, comme l'indique la figure 62, les drains de desséchement ont leurs pentes et leurs directions convergeant vers cet endroit. L'emplacement de ce genre de drains collecteurs est donc absolument fixé d'avance, sans discussion ; mais il en est d'autres très-souvent nécessaires aussi, et dont le tracé exige quelques explications : lorsqu'une série de drains de desséchement s'étend sur une longueur beaucoup au-dessus de 100 à 120 mètres, on divise cette série en plusieurs, dont chacune débouche dans un collecteur transversal (fig. 64), que nous appellerons *collecteur de reprise*, de sorte que l'on n'ait en aucune place des drains de desséchement d'une longueur dépassant 110 à 120 mètres.

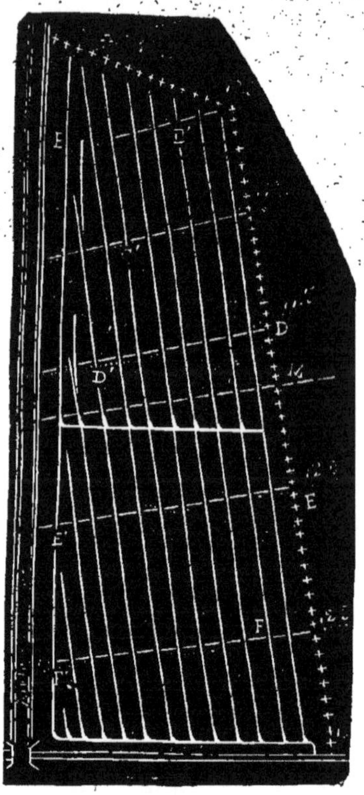

Fig. 64.

Cette dernière distance n'est évidemment pas absolue, et ne peut être regardée que comme une approximation dont on peut, suivant les cas, s'écarter soit en plus, soit en moins. La plus grande longueur qu'on peut donner à un drain de desséchement dépend du *diamètre* des tuyaux de drainage employés, de la pente, des conduits et de la quantité d'eau nuisible qu'on peut avoir à soutirer : ainsi on ne peut que poser les principes suivants : 1° les collecteurs de reprise seront d'autant plus éloignés les uns des autres que les diamètres des tuyaux et la pente des drains seront plus considérables ; ils seront d'autant plus rapprochés que l'affluence des eaux sera plus grande. Ces principes laissent beaucoup de latitude. L'habileté du draineur se fait voir dans la disposition convenable des *collecteurs*, dans l'aménagement des drains de *dessèchement* par séries parallèles, et dans la position convenable des drains d'isolement.

Une étude consciencieuse des circonstances particulières de position de chaque pièce à drainer peut économiser des longueurs considérables de drains de dessèchement en les distribuant d'une manière bien uniforme de façon que, dans aucune partie du champ, ils ne soient plus serrés que l'espacement fixé ne l'exige, et qu'ils ne soient pas, en d'autres points, trop écartés pour un complet assainissement. Sur les faîtes, les deux séries de drains de dessèchement qui s'écartent l'une de l'autre (fig. 72), sont espacées entre elles d'un écartement de drains et les drains de dessèchement placés à l'aval d'un collecteur de reprise, ont leur origine à une distance de ces drains collecteurs, égale au demi-espacement des drains de dessèchement. Tels sont les divers principes qui serviront de guide dans le tracé du *drainage* sur un terrain quelconque : quelques exercices faits sur diverses formes naturelles de terrain, en se reportant aux exemples que nous donnons plus loin, suffiront parfaitement pour initier le lecteur à tous les détails du tracé.

Collecteur général. — Sur un terrain un peu étendu, on aura donc un certain nombre de collecteurs : il peut arriver que leurs directions soient convergentes ou faciles à réunir en une seule branche nommée *collecteur général* portant les eaux en dehors de la pièce drainée, ou parfois, au contraire, il y aura impossibilité à réunir ainsi toutes les eaux des drains et, comme dans le cas de la figure 68, il faudra deux ou même plusieurs bouches de sortie. On doit réduire, autant que possible, le nombre de ces sorties, surtout lorsque les collecteurs doivent dégorger dans une rivière ou un courant d'eau quelconque, ou même dans un fossé ouvert ; car, pour n'être pas exposé à de fâcheuses détériorations, ces bouches d'évacuation exigent quelques dispositions de construction assez onéreuses.

Regards. — Les tuyaux de drainage sont exposés à s'obstruer par diverses causes : un dérangement produit après une pose peu soignée de ces tuyaux, un mauvais remplissage, des radicelles, etc. ; il est nécessaire de se précautionner, dans le tracé d'un drainage, de moyens faciles de déterminer, lorsque ces obstructions se produisent, dans quel point les tuyaux sont fermés afin de réparer le mal et rétablir un bon écoulement. On est beaucoup aidé dans cette recherche par l'établissement de ce qu'on appelle des *regards* ou *cheminées* de drainage : on les place dans tous les points où plusieurs collecteurs se réunissent. Ils sont formés suivant leur importance par des tuyaux de grand diamètre placés verticalement (fig. 65) et dans lesquels débouchent les drains collecteurs qui convergent en ce point ; les regards très-importants sont des espèces de petits puits en maçonnerie d'une disposition analogue à celle des regards faits avec des tuyaux.

L'emplacement de ces regards est facilement déterminé ; on les indique sur le plan par de petits cercles (fig. 66). Ces regards sont

◎ Regard.

⋏ Bouche.

Fig. 66.

fermés supérieurement par une tuile, une brique, ou une pierre plate et recouverts de 40 à 50 centimètres de terre. On doit donc, pour les retrouver facilement au besoin, les *repérer*, par rapport à des points fixes invariables (les angles du champ, les bornes) et déterminer leurs distances exactes par rapport à ces points, de façon qu'on ne soit pas exposé à un travail onéreux pour leur recherche. Lorsqu'on les a découverts, on lève le couvercle, et on peut voir quelle est celle des bouches intérieures qui ne marche pas convenablement.

Fig. 65.

§ 3. — Méthode des horizontales équidistantes et tracé sur le papier.

Lorsque, pour une raison quelconque, on doit faire un

plan de drainage, on peut encore employer le mode de détermination du relief par le tracé direct des horizontales sur le terrain, comme nous l'avons indiqué au commencement du paragraphe précédent.

On *relève* ensuite ces courbes par une méthode d'arpentage quelconque. — Nous indiquerons seulement ici la manière de procéder pour lever les courbes horizontales d'un terrain, lorsque le seul instrument dont on dispose, est l'*équerre d'arpenteur*, et la chaîne-décamètre.

Soit à relever les courbes tracées sur le terrain (fig. 61) : on trace une base AH et sur cette base, à partir du point A, on mesure des distances égales (20 m. par exemple), et en chacun de ces points, on élève, le plus exactement possible, des perpendiculaires que l'on prolonge jusqu'aux limites extrêmes de la pièce à drainer. Ces perpendiculaires tracées, on les mesure en ayant soin de noter les distances des points de rencontre des horizontales avec ces droites, de même que les longueurs totales des perpendiculaires jusqu'aux limites du champ. — Avec ces mesurages, il est facile de faire sur le papier une figure semblable à celle du terrain, en reportant sur son plan une base *c e* représentant, à un millimètre pour mètre ou toute autre échelle, la base A H du terrain avec tous ses points de division : — alors (sur le papier) on trace aussi les perpendiculaires sur cette base et on fixe les *points de passage* des diverses courbes au moyen des mesurages faits sur le terrain : — il ne reste plus alors qu'à joindre convenablement ces points pour avoir les courbes du terrain rapportées sur le papier.

Sur le plan à l'échelle ainsi obtenu, on fait le tracé d'après les règles indiquées dans le paragraphe précédent pour le tracé direct sur le terrain : seulement, les études, les modificatious, les essais sont beaucoup plus faciles sur le papier que sur le terrain.

Lorsque, du tracé fait sur le plan, on voudra passer à l'exécution, il faudra rapporter les lignes du plan sur le terrain au moyen de mesurages.

§ 4. — MÉTHODE DES CARRÉS.

Un grand nombre de draineurs emploient, pour relever leurs plans de drainage, une méthode qui, au premier abord, paraît plus simple et plus expéditive que la première; mais qui cependant ne nous semble pas présenter ces deux avantages et qui même a des inconvénients assez notables, comme nous le verrons plus loin. Cette méthode consiste dans la *division,* au moyen de l'équerre d'arpenteur, de toute la surface du terrain à drainer en carrés de 10 à 30 mètres de côté ; puis dans la détermination, par le nivellement, des cotes relatives de chaque angle de ces carrés.

Voici comment on opère : on choisit le bord le plus droit et autant que possible le plus long du champ, et on mesure cette droite entière en plaçant un piquet, ou jalon, tous les 20 mètres, puis, en chacun de ces points B, C, D, etc. (fig. 67), on élève une perpendiculaire que l'on prolonge jusqu'aux limites du champ ; sur les 2 perpendiculaires extrêmes A et I on mesure des distances égales de 20 mètres et en joignant ces points 1 1, 2 2, 3 3, etc., on détermine, sur les perpendiculaires intermédiaires, des points, distants aussi de 20 mètres, à chacun desquels on plante un piquet : le réseau couvrant le champ étant ainsi tracé, on peut commencer le nivellement.

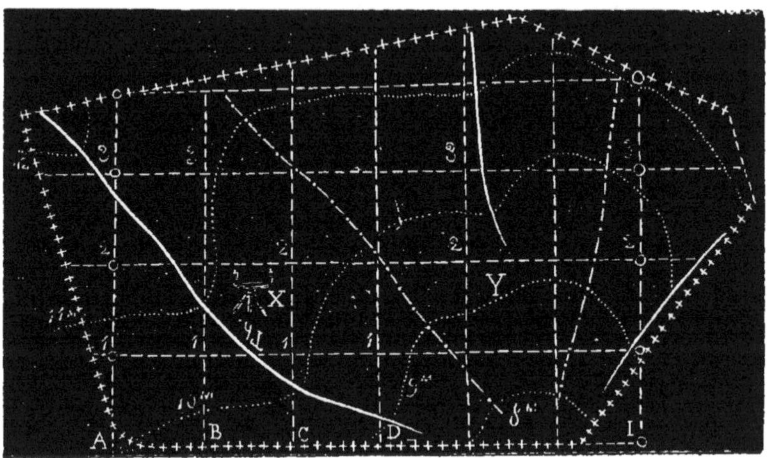

Fig. 67.

Il est nécessaire de faire cette opération d'une manière méthodique pour ne pas s'exposer, soit à oublier quelques points, soit à attribuer les cotes d'un point à un autre, etc.

Dans ce but, on donne à chaque perpendiculaire une désignation littérale A, B, C, D..... I et, sur chacune de ces perpendiculaires, on numérote les points dans le même sens, comme l'indique la figure 67 ; de cette façon chaque point à son nom : ainsi B^3 signifiera le 3me point sur la droite B ; — D^4 indiquera le 4me point sur la ligne D ; etc., etc. Il ne peut donc y avoir aucune confusion. On prépare ensuite, sur un carnet, le tableau suivant pour y inscrire les opérations du nivellement.

INDICATION DES			COUPS DE NIVEAU.		DIFFÉRENCE DE NIVEAU.		Cotes par rapport à un plan de comparaison situé à 10 mètres au-dessus du point A.
Stations.	Perpendiculaires.	Piquets.	Arrière.	Avant.	Positive ou en descendant.	Négative ou en montant.	
Ire. .	A. . .	. . . . .	1.257	»	»	»	10.000
	B. . .	0	»	1.406	0.149	»	10.149
	B. . .	1	»	1.461	»	0.096	9.904
	B. . .	2	»	0.978	»	0.279	9.721
	B. . .	3	»	0.801	»	0.456	9.544
	C. . .	0	»	1.502	0.245	»	10.245
	C. . .	1	»	1.410	0.153	»	10.153
	C. . .	2	»	1.273	0.021	»	10.021
	D. . .	0	»	1.782	0.525	»	10.525
	D. . .	1	»	1.315	0.058	»	10.058
	D. . .	2	»	0.988	»	0.269	9.731
IIe. .	D. .	2	1.125	»	»	»	9.731
	D. . .	3	»	1 001	»	0.124	9.607
	D. . .	4	»	0.875	»	0.250	9.481
	E. . .	0	»	1.814	0.689	»	10.420

Pour faire ce nivellement le plus rapidement possible, on se place en une station X telle que l'on puisse voir, de cette position, le plus grand nombre de points qu'il est possible dans un rayon de 30 à 40 mètres ; — puis on fait placer la mire successivement au point A (coup arrière), aux points B, B^1, B^2, B^3, C, C^1, C^2, D, D^1 D^2 (coups avant) et les hauteurs lues sur la mire en chacun de ces points sont indiquées dans les 4e et 5e colonnes ; le 1er coup A est seul considéré comme *coup arrière*. Lorsque tous les points visibles de la station X sont nivelés, on transporte le niveau en une 2me station Y, telle que l'on puisse voir aussi un grand nombre de points, et, au moins, un des points de la station précédente (D^2, par exemple); alors on donne, sur ce point D^2, un *coup arrière*, et sur tous les autres points D^3, D^4 E, etc., etc., un *coup avant*, comme dans la station précédente. On continue ainsi par une suite de stations que l'on relie entre elles par la seule précaution de donner le premier coup de niveau de chaque station sur un point de la précédente pour servir de coup arrière pendant toute la station à niveler. Nous supposerons, pour donner un exemple, que les opérations faites sur le terrain ont donné les chiffres consignés dans le tableau précédent. On doit alors calculer les différences de niveau : en principe, il suffit pour cela de retrancher, dans chaque station, le coup arrière de chacun des coups avant; toutes les fois que la soustraction est possible, la différence est *positive*, et, au contraire, si le coup arrière est plus grand que le coup avant, on retranche celui-ci du coup arrière, et la différence trouvée est dite *négative*. On a soin d'écrire pour chaque point la différence trouvée dans la colonne convenable en regard du point dont on a cherché la différence de hauteur par rapport au 1er de la station : Ce point, seul, n'a pas de différence; cela est évident. Les différences calculées, on détermine les *cotes* de chaque point par rapport à un *plan de comparaison* horizontal : la 1re cote, celle du point A, est arbitraire; on la suppose de 10 ou 20 mètres suivant que l'on apprécie que le point le plus haut du terrain est plus ou moins élevé par rapport à ce point A : ici nous avons supposé 10 mètres. — Pour déterminer les cotes des autres points de la station, il suffit d'ajouter à la cote du point A la différence du point considéré, si elle est positive, ou de la retrancher, si cette différence, écrite en regard du point, est négative.

Ainsi, la cote du point B est égale à la cote A (10m), augmentée de la différence positive existant, d'après le nivellement, entre A et B, c'est-à-dire, 0m,149. Celle du point B s'obtient, au contraire, en retranchant la différence 0m,096 de la cote 10m du point A. — On arrive donc très-facilement à déterminer la cote de tous les points de la 1re station. Dans la 2e station, le point de départ D² a sa cote déterminée comme faisant partie de la 1re, — et, par suite, on agira par rapport à ce point, pour tous ceux de cette 2e station, comme on a fait par rapport au point A dans la première. — Tous les points du champ ont ainsi, lorsque le nivellement est achevé, une *cote* par rapport à un plan unique de comparaison situé dans l'espace, au-dessus du champ. — On écrit ces cotes sur le *plan* auprès de chaque point.

Ces cotes indiquent parfaitement la différence existant entre deux points quelconques du terrain à drainer ; on connaît aussi facilement le sens de la pente du sol ; les points dont les cotes numériques sont les plus grandes sont les plus bas du sol, et, au contraire, les points les plus élevés du terrain ont les cotes les plus faibles. Mais ces cotes, inscrites sur le plan auprès de chaque point, n'indiquent pas la direction exacte de la *plus grande pente*, ce qui est, comme nous l'avons vu, le point de départ du tracé des drains de desséchement : il est donc utile et même nécessaire, pour effectuer un tracé parfait, de se servir des cotes trouvées, par cette 3e méthode, pour tracer sur le plan, fait au moyen du mesurage des perpendiculaires, quelques *horizontales* du terrain ; car la direction moyenne de ces horizontales peut seule donner exactement celle de plus grande pente et par suite des drains.

La détermination de ces horizontales, sur le plan, n'exige que quelques calculs assez simples : ainsi, soit à tracer l'horizontale cotée 10 mètres, par exemple : — On voit, tout d'abord, qu'elle part du point A et qu'elle passe entre le point B, dont la cote est supérieure à 10 mètres, et le point B', dont la cote est moindre. — elle passe aussi entre le point C' et le point C², etc., etc. — Mais on ne peut dire, immédiatement, à quelle distance exacte entre ces points. — Lorsqu'on veut déterminer la position réelle du point de passage de l'horizontale entre B et B', on y parvient par ce qu'on appelle communément une règle de trois simple. — Ainsi, pour une distance de 20 mètres existant horizontalement entre B et B', il y a une différence verticale de 10,149-9,904, ou 0,245 : si *b* est le point de passage cherché, on aura donc la proportion suivante :

BB' : Bb :: $10^m149 - 9^m904$: $10^m149 - 10$;
ou : 20^m : Bb :: 0^m245 : 0^m149.

La distance Bb (fig. 67) est donc égale à $\frac{0^m149 \times 20^m}{0^m245}$ ou à $12^m,16$.

Il est facile de comprendre ce calcul et de le répéter pour chaque point de passage, c, d, etc.

On tracera ainsi sur le plan, et presque rigoureusement, les horizontales distantes verticalement de 1 m., comme l'indique la figure 67. — Alors, il est facile d'achever le tracé du drainage, en s'appuyant sur les principes indiqués au commencement de cet ouvrage, et comme nous l'avons détaillé dans l'explication de la première méthode, appelée *méthode directe.*

La figure 68 indique le tracé fait sur le terrain nivelé par cette troisième méthode :

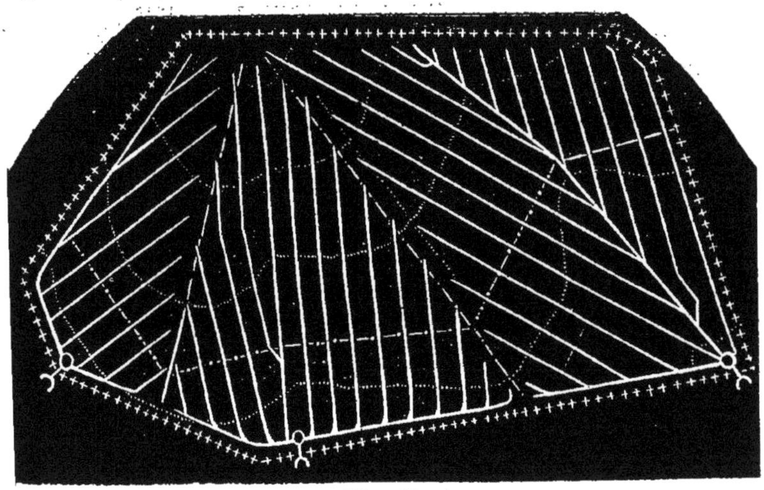

Fig. 68.

MM drain d'isolement;
NN drains de desséchement;
O collecteur;
P collecteur général.

Cette méthode présente l'avantage de faire le levé en même temps que le nivellement : en effet, il suffit, pour cela, de mesurer avec soin toutes les perpendiculaires jusqu'aux limites du champ. En second lieu, la décomposition en petits carrés permet de calculer facilement la surface totale drainée et les surfaces partielles dont chaque collecteur recueille les eaux ; car c'est en partie d'après la grandeur de ces surfaces qu'on fixe le diamètre des tuyaux collecteurs.

Mais aussi, elle présente quelques inconvénients :

1° Entre les points également distants peuvent se trouver précisément les inflexions réelles du sol, et, par suite, les horizontales tracées peuvent n'être pas parfaitement exactes, non plus que les lignes de plus grande pente qui s'en déduisent immédiatement;

2° Les calculs des différences de niveau et des points de passage sont assez assujettissants et peuvent être l'occasion de quelques erreurs, soit dans les signes, soit dans les valeurs numériques elles-mêmes. — En outre, d'après ce que nous avons pu juger, elle n'est pas plus expéditive que les deux premières.

§ 5. — MÉTHODE DES PROFILS.

On emploie quelquefois pour déterminer le relief d'un terrain la méthode des *profils*

On entend par profil d'un terrain la figure géométrique que donnerait la coupe verticale du terrain suivant une ligne fixée à l'avance. On distingue des profils en *long* et des profils en travers.

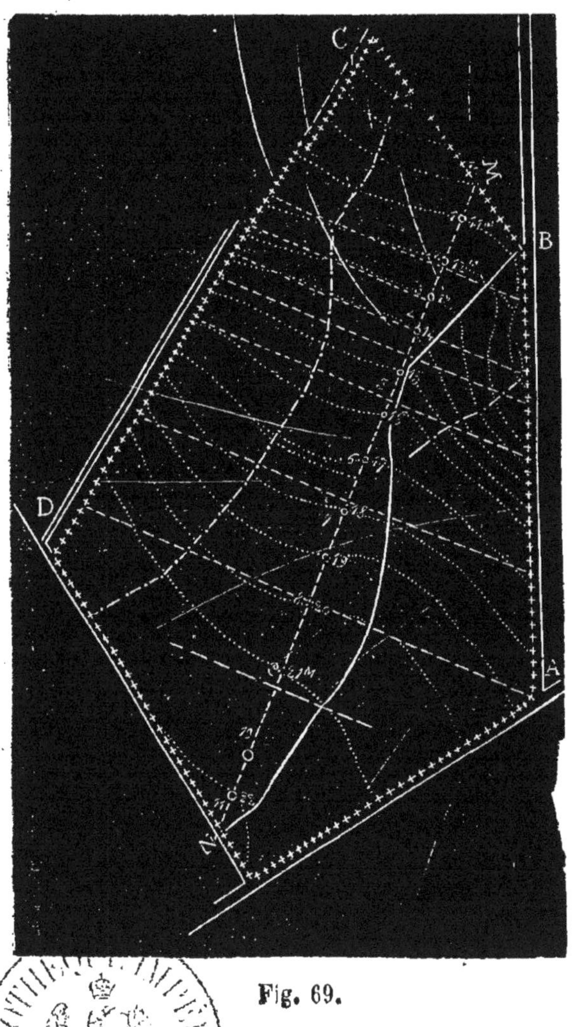

Fig. 69.

C'est au moyen du nivellement que l'on détermine les profils du terrain. Soit **A B C D** (fig. 69) le champ à drainer, et soit **M Z** la direction suivant laquelle on doit faire le profil en long : on fera sur cette ligne, en partant du point **M**, un nivellement composé (p. 64) et on notera les résultats de ce nivellement dans le tableau suivant.

Les points intermédiaires entre **M** et **Z** ne sont pas pris arbitrairement comme dans un nivellement composé n'ayant pour but que la recherche de la différence de niveau entre les points extrêmes : au contraire, on doit choisir ces points de telle façon qu'ils soient ceux où le sol s'infléchit, c'est-à-dire dans les dépressions et sur les saillies que l'on rencontre en parcourant la ligne M Z. On numérote ces points 1, 2, 3, etc., en y plantant des piquets, et l'on détermine leurs cotes au moyen du plus petit nombre de stations qu'il est possible.

Tableau du nivellement par profils.

NUMÉROS DES		Distance à partir du premier point.	COUPS		DIFFÉRENCE DE NIVEAU.		Cote par rapport à un plan de comparaison situé à 10 mètres au-dessus du point A.
Stations.	Piquets.		Arrière.	Avant.	Positive ou en descendant.	Négative ou en montant.	
PROFIL EN LONG MZ.							
1.	M. .	»	1.123	»	»	»	10.000
	1. . .	11.3	»	1.269	0.146	»	10.146
2.	2. . .	17.5	0.825	1.833	0.730	»	10.730
	3. . .	29.8	»	1.332	0.507	»	11.237
3.	4. . .	40.0	1.043	1.761	0.936	»	11.666
	5. . .	60. .	»	1.853	0.810	»	12.476
.	.	.	.	.	.	»	.
.	.	.	.	.	.	»	.
.	.	.	.	.	.	»	.
PROFIL EN TRAVERS SUR LE PIQUET N° 1 A DROITE.							
1.	1. . .	»	0.857	»	»	»	10.146
	a. . .	11	»	0.432	»	0.425	9.721
2.	b. . .	17	1.252	0.351	»	0.506	9.640
	c. . .	21	»	1.011	»	0.241	9.399
MÊME PROFIL A GAUCHE.							
1.	1. . .	0	0.982	»	»	»	10.146
	a'. .	8	»	0.979	»	0.003	10.143
	b'. .	14	»	0.987	0.005	»	10.151
PROFIL EN TRAVERS SUR LE PIQUET N° 2 A DROITE.							
1.	2 . .	»	0.758	»	»	»	10.730
	a. . .	9	»	0.651	»	0.107	10.623
	b. . .	15	»	0.325	»	0.433	10.297

Supposons que les opérations de nivellement faites sur le terrain nous aient donné les résultats consignés dans les cinq premières colonnes du tableau ci-dessus, on calcule les différences de niveau (6e et 7e colonnes) et les cotes (dernière colonne) comme il a été détaillé dans le paragraphe précédent; c'est-à-dire, en résumé, que pour chaque station, quel que soit le nombre de piquets observés, on retranche le coup arrière de chacun des coups avant, et les différences obtenues sont écrites, lorsque la soustraction est possible, dans la colonne des différences positives ; et, lorsque le coup arrière est plus grand que un ou plusieurs coups avant, on retranche chacun de ceux-ci du coup arrière et on écrit ces différences inverses dans la colonne des différences négatives. Enfin, pour déterminer les cotes, on fixe arbitrairement celle du premier point M (10 m. par exemple), et pour avoir les suivantes, il suffit d'ajouter à la cote du premier point de chaque station la différence si elle est positive, ou la retrancher lorsqu'elle est négative : les chiffres du tableau donnés pour exemple indiquent bien la marche suivie; mais il est nécessaire que le draineur commençant étudie ce tableau et se rende bien compte des opérations effectuées.

Au moyen de ces cotes (dernière colonne) et des distances des points successifs à partir de M, on peut dessiner le profil si on le croit nécessaire :

Pour cela, sur une horizontale M 5 (fig. 70), on porte les distances M 1, M 2, M 3 ... etc, indiquées dans la troisième colonne du tableau (profil en long), puis en chacun de ces points on descend une perpendiculaire sur

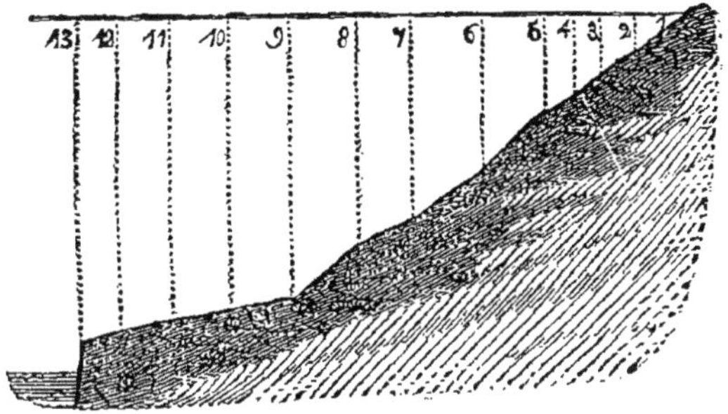

Fig. 70.

laquelle on porte les cotes des points à une échelle quelconque, 2 millimètres pour un mètre par exemple, et en joignant les points ainsi déterminés, la figure géométrique obtenue est ce qu'on appelle le profil en long du terrain.

Le profil en long ne donne la forme du terrain que dans un sens; comme il est indispensable de déterminer le relief dans toutes les directions, on trace en chaque point du profil en long une perpendiculaire sur laquelle on fait un profil dit *en travers* que l'on prolonge sur toute la largeur du champ, en mesurant, bien entendu, la longueur totale pour servir à faire le plan du terrain à drainer. — Le profil en long ne sert, pour ainsi dire, qu'à relier entre eux tous les profils en travers. — Le premier coup de niveau dans le nivellement de chacun de ces profils doit toujours, aussi bien pour la partie de droite que pour la partie de gauche, être *donné* sur le point appartenant au profil en long. — Dans le tableau précédent, nous avons indiqué les chiffres de deux profils en travers, et les calculs sont faciles à comprendre et à vérifier. — La fig. 71 indique le dessin d'un de ces profils en travers : *A*, point du profil en long; *a*, *b*, *c* points de droite ; *a'*, *b'* points de gauche.

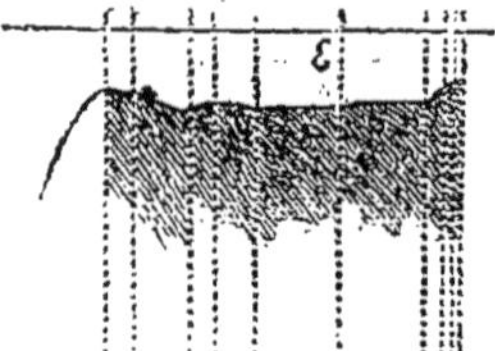

Fig. 71.

Les différents profils en travers étant obtenus, puis calculés, et le plan fait, on détermine, au moyen des cotes de la dernière colonne du tableau que l'on a soin d'écrire sur le plan près des piquets correspondants, les horizontales équidistantes en hauteur et leur différents points de passage sur chaque profil, comme on le fait dans la 3e méthode : les calculs sont absolument les mêmes. La fig. 72 indique le tracé du drainage sur le terrain nivelé par cette dernière méthode.

Ce mode de procéder par profils a, sur la méthode de division en carrés, l'avantage de ne pas exposer à laisser sans en tenir compte des creux ou des saillies entre les points nivelés ; elle sert aussi à relever le plan du terrain, mais elle ne permet pas la détermination facile des surfaces partielles.

En résumé, toutes les méthodes indiquées peuvent être employées ; cependant nous donnons la préférence à la méthode directe, puisque, comme nous l'avons fait voir, il faut toujours revenir, plus ou moins, au tracé des horizontales. — Les deux dernières méthodes ont l'avantage de réduire le nombre d'opérations à faire sur le terrain, mais en augmentant, en revanche, les calculs du cabinet.

Nous avons cru devoir nous appesantir sur ces détails

du tracé, malgré leur aridité, afin de fournir au cultivateur qui désire s'initier à la pratique du drainage tous les renseignements nécessaires. — En pratique, le plus petit détail a de l'importance.

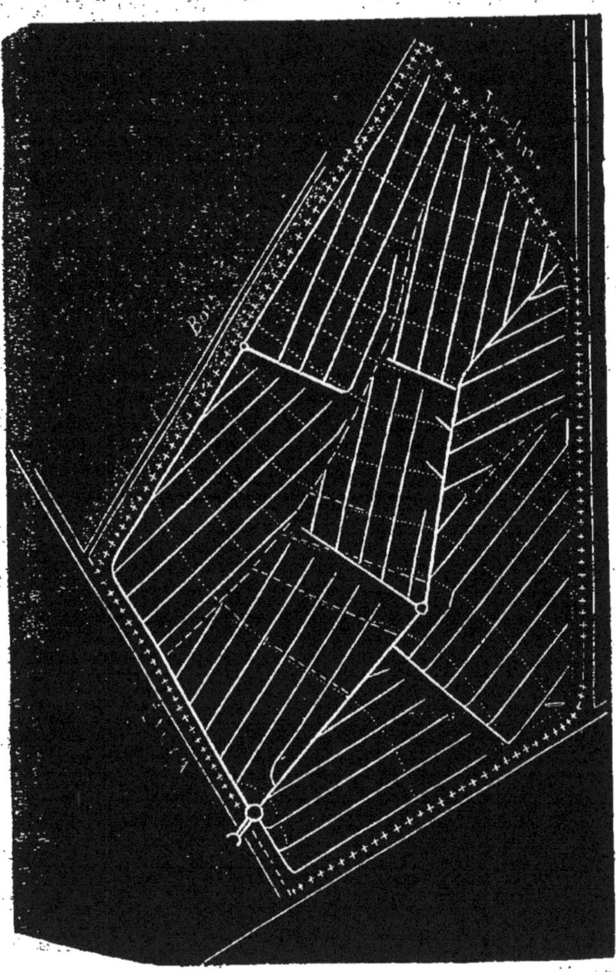

Fig. 72.

CHAPITRE IV.

Du diamètre des tuyaux de drainage. — De la section des conduits en général et de leur forme.

§ 1. — DES CAUSES INFLUANT SUR LE DIAMÈTRE NÉCESSAIRE AUX CONDUITS DES DRAINS.

Nous distinguons les divers tuyaux placés dans un champ drainé en tuyaux d'assèchements et en tuyaux collecteurs.

Les drains d'assèchement ont pour but de laisser pénétrer, par les faibles intervalles laissés entre les tuyaux successifs, l'eau éparse dans le sous-sol.

L'arrivée de l'eau dans les tuyaux de desséchement se fait, sauf de rares exceptions, *goutte à goutte*. — Dans les premiers jours qui suivent l'établissement d'un drainage, cet écoulement, cet égouttement plutôt, est plus rapide, puisqu'il existe, à ce moment, dans le terrain, une couche d'eau stagnante qui fait charge sur les orifices des tuyaux et pénètre dans ceux-ci avec vitesse; mais, après un certain temps, l'assainissement étant obtenu, les tuyaux ne reçoivent plus que les eaux des grandes pluies, et par suite n'ont que des quantités d'eau assez minimes à recevoir et à évacuer : ainsi, on admettra, sans doute, que, si les grandes pluies ont lieu à des intervalles de vingt-quatre heures, et que les drains puissent, dans ce temps, recevoir et évacuer toute l'eau tombée, l'assainissement sera parfaitement entretenu, dans les cas les plus difficiles. Or, une forte pluie ne peut pas être estimée à plus de 50 millimètres de couche uniforme sur le terrain; et, en outre, une partie de cette eau, est absorbée par les plantes, coule à la surface ou est évaporée; mais nous n'en tiendrons aucun compte, et nous supposerons que, dans vingt-quatre heures, les petits intervalles laissés entre les tuyaux doivent débiter toute la pluie tombée; ce qui, à raison de 50 millimètres d'épaisseur, suppose, par hectares, 500 mètres cubes ou 500,000 litres à expulser.

Les tuyaux n'ayant qu'environ $0^{m}30$ de longueur, les intervalles laissés pour le passage de l'eau servent pour une longueur de terrain de $0^{m}30$ cent., sur une largeur qui en pratique varie de 10 à 20 mètres ordinairement : soit le cas le plus défavorable, c'est-à-dire l'espacement maximum, 20 mètres, et le tuyau le plus petit, ou de 25 millimètres de diamètre.

Chaque intervalle entre deux tuyaux contigus, quelque rapprochés qu'on les suppose, est d'environ 2 millimètres : l'espace annulaire total, pour la grandeur du tuyau considéré, serait donc de $3,14 \times 2 \times 25$ millimètres, ou 157 millimètres carrés. Supposons que pour des causes quelconques (l'enfoncement du tuyau par le bas, la présence de grains de sable, etc., etc.), l'ouverture libre ne soit que d'environ les 2/3 de l'ouverture totale, ou, en nombre rond, de 100 millimètres carrés.

Cette ouverture devra laisser passer l'eau d'une surface de $0^{m}30 \times 20$ mètres ou 6 mètres carrés : l'hectare ou 10,000 mètres carrés recevant 500,000 litres, 6 mètres carrés reçoivent 300 litres que l'ouverture de 100 millimètres doit évacuer en 24 heures, c'est-à-dire dans 86,400 secondes : ce n'est donc qu'*un écoulement de 3 millilitres par seconde.* Nous avions donc raison de dire que l'eau n'arrivait que *goutte à goutte* et que les orifices des plus petits tuyaux sont parfaitement suffisants pour la filtration dans tous les cas; car celui que nous avons supposé est une exception extraordinaire et la plupart du temps l'eau de pluie que les drains devront évacuer ne dépassera pas un millilitre par seconde pour chaque tuyau.

L'eau tombée dans le tuyau doit être écoulée au dehors du champ : sans cela, l'accumulation dans le conduit annulerait bientôt l'assainissement commencé, et c'est ce qui arrive lorsqu'un tuyau s'obstrue par une cause quelconque. — Donc le tuyau de drainage doit fonctionner comme un petit canal. — A part, peut-être, l'extrémité des collecteurs, les tuyaux ne couleront jamais pleins, ou à *gueule-bée.*

L'écoulement se fait donc dans ces tuyaux comme dans les canaux découverts ordinaires, et non d'après les lois de l'écoulement dans les tuyaux proprement dits, comme quelques auteurs l'ont avancé.

La formule du mouvement de l'eau dans les tuyaux de drainage est donc celle déterminée par *Prony* :

$$R \times I = \ldots 0{,}000\,0\,444\,U + 0{,}000\,309\,U^2.$$

Dans cette équation, les lettres ont la signification suivante :

U est la vitesse moyenne de l'eau,
I la pente par mètre du tuyau,
R le rapport entre la section d'eau S, et le périmètre mouillé C — ou $\frac{S}{C} = R$.

Le volume d'eau qui passe par seconde dans le tuyau est donné par la formule $Q = S \times U$; autrement dit, le volume écoulé est égal à la section d'eau multipliée par la vitesse moyenne.

De la formule de Prony on tire :

$$U = 56{,}86 \sqrt{R \times I} - 0{,}072.$$

Ce qu'on peut traduire ainsi en langage vulgaire :

1° La vitesse dans un canal est à très-peu près en raison directe de la racine carrée de la pente.

2° ... A égalité de section d'eau courante dans divers canaux, la vitesse est d'autant plus grande que la forme de la section s'approche plus d'un demi-cercle ou, plus généralement, que le rapport entre cette section et le contour mouillé du canal est plus grand; donc un tuyau qui coulerait habituellement à moitié plein pourrait, avec une moindre pente, donner un débit égal à celui d'un tuyau de plus grand diamètre, qui ordinairement serait à peine mouillé par l'eau courante.

Et comme le *débit* est égal au produit de la section d'eau par la vitesse, il s'ensuit que le débit d'un tuyau toujours incomplétement rempli, agissant comme un canal, croît comme le carré de son diamètre, la racine carrée de la pente et le rayon moyen de la section d'eau, de sorte que l'écoulement se fait avec plus de rapidité dans un petit tuyau que dans un grand, lorsque le volume à écouler est très-faible et que la pente est la même. Ceci fait comprendre l'inutilité de l'emploi de tuyaux d'un plus grand diamètre que celui strictement nécessaire pour l'écoulement à moitié ou aux trois quarts du tuyau; car si l'eau coulant dans le conduit est en très-faible épaisseur, le frottement de l'eau, contre la paroi du tuyau, est relativement plus grand, et, par suite, pour avoir un écoulement convenable dans un grand tuyau, la pente devrait être plus forte.

Soient en effet, deux tuyaux circulaires de différents diamètres également pleins: à moitié, ou au quart par exemple. — Les sections d'eau sont proportionnelles aux carrés des diamètres, c'est-à-dire que, si le tuyau **A** a un rayon double de celui du tuyau **B**, le premier pourra évacuer, avec la même pente et le même remplissage, un volume quadruple. — En outre, pour une faible et égale augmentation d'épaisseur d'eau dans les deux tuyaux après de grandes pluies, la surface d'accroissement croît comme les diamètres, et par suite l'action évacuatrice du drain, à mesure que l'eau du sol tend à remplir le tuyau, croît encore comme le diamètre ou à très-peu près: on peut donc considérer comme règle pratique que l'action d'un tuyau comme *canal d'écoulement et de recueil* croît plus vite que dans le rapport des carrés des diamètres, mais moins vîte que le cube de ces mêmes diamètres.

A égalité de diamètre, les vitesses et par suite les volumes écoulés croissent proportionnellement aux racines carrés des pentes, c'est-à-dire, en termes vulgaires, que si la pente est quadruple, le volume qui passe est double, et que pour tripler le volume qui passe par un tuyau, il faut lui donner une pente neuf fois plus forte.

toutes choses égales d'ailleurs. Ces indications ne sont pas mathématiques, mais très-suffisantes pour guider la pratique, surtout si l'on prend pour point de départ quelques chiffres d'expérience.

§ 2. DIAMÈTRES DES DRAINS DE DESSÉCHEMENT ET DES DRAINS COLLECTEURS.

Si nous considérons un drain de desséchement, il est visible que, dans les conditions que nous avons supposées plus haut, il passera, dans le premier tuyau de ce conduit, un millilitre par seconde, dans le second tuyau le volume à écouler sera double ; il sera triple dans le troisième tuyau, et ainsi de suite : c'est-à-dire que le drain de desséchement d'un diamètre donné ne peut avoir une longueur indéfinie, car il arriverait un moment où la quantité d'eau à écouler par le tuyau serait trop considérable pour la section de passage et la pente dont on dispose : la recherche de la longueur maxima d'un tuyau ou d'un drain de desséchement est donc un problême qui se lie à la détermination du diamètre de ces tuyaux et de leur pente.

D'après les considérations précédentes, et en partant du fait expérimental qu'un tuyau de desséchement de 0,025 millimètres de diamètre suffit à l'expulsion des eaux d'une surface de 10 ares environ, en pente assez faible; nous avons déterminé les chiffres suivants : nous n'avons pas cherché, dans ce tableau, à faire supposer une exactitude mathématique en conservant des fractions, et nous avons même arrondi les nombres autant que possible, car ils ne peuvent servir que comme approximations.

Tableau des diamètres et longueurs correspondantes des tuyaux de drainage suivant les pentes. — Desséchement.

Diamètre des tuyaux.	Espacement des drains.	Pente par mètre.	Longueur que peut avoir un drain de desséchement	Surface qu'il peut assécher	OBSERVATIONS.
millim.	mètres.	millim.	mètres.	ares.	Le tuyau supposé aux trois quarts plein à son extrémité inférieure.
25	10	2	70	07	
—	—	8	140	14	
—	—	18	210	21	
—	—	32	280	28	
—	—	50	350	35	
—	—	72	420	42	
25	12	2	58	07	
—	—	8	116	14	
—	—	18	174	21	
—	—	32	232	28	
—	—	50	290	35	
25	15	2	46	07	
—	—	8	92	14	
—	—	18	138	21	
—	—	32	184	28	
—	—	50	230	35	M. Barral, maximum 300.
30	10	2	100	10	180 m au maximum pour 4 m. de pente d'après M. Decauville.
—	—	8	200	20	
—	—	18	300	30	
—	—	32	400	40	
—	—	50	500	50	
30	12	2	83	10	
—	—	8	166	20	
—	—	18	249	30	
—	—	32	332	40	
—	—	50	415	50	
30	15	2	67	10	
—	—	8	134	20	
—	—	18	201	30	
—	—	32	268	40	
—	—	50	335	50	

DRAINS COLLECTEURS.

Diamètre des tuyaux.	Pente par mètre.	Surface assainie.	OBSERVATIONS.
millim.	millim.	ares.	
35	2	14 à 16	
—	8	28 à 32	
—	18	42 à 48	
—	32	56 à 64	
40	2	18 à 23	
—	8	36 à 46	
—	18	54 à 69	
—	32	72 à 92	
45	»	»	M. Barral, sans autre désignation, moyenne générale, 72 ares.
50	2	28 à 42	
—	8	56 à 84	M. Leclerc donne, sans désignat. de pente, 150 ares.
—	18	84 à 126	
—	32	112 à 168	
55	»	»	M. Mangon, 200 ares environ.
—	10	»	M. Barral, sans désignation de pente, 400 ares.
60	2	40 à 65	
—	8	80 à 130	D'après M. Leclerc, 233 ares.
—	18	120 à 195	Sans id. id.
—	32	160 à 260	
60	»	»	M. Barral, sans désig. de pente 144 ares.
70	2	55 à 100	
—	8	110 à 200	
—	10	»	M. Mangon, 300 à 400 ares.
—	18	165 à 300	
—	32	220 à 400	
75	»	»	M. Barral, 228 ares.
80	2	70 à 150	
—	8	140 à 300	M. Leclerc, 400 ares.
—	18	210 à 450	Sans id. id.
—	32	280 à 600	
90	2	90 à 200	
—	8	180 à 400	
—	18	270 à 600	
—	32	360 à 800	
100	2	110 à 250	
—	8	220 à 500	
—	18	330 à 750	
—	32	440 à 1000	
120	2	160 à 450	125 m. par pente de 20 m. pour 15 HA M. Parkes.
—	8	320 à 900	
—	18	640 à 1350	
—	32	800 à 1800	
150	2	250 à 800	
—	8	500 à 1600	
—	18	750 à 2400	
—	32	1000 à 3200	

Les tuyaux de drainage du tableau sont supposés placés à une profondeur moyenne de 1 m. 20. — Pour des drains situés plus profondément, il faudrait, à égalité d'espacement et de pente, donner aux tuyaux de dessèchement un diamètre plus grand pour une même longueur, ou placer des drains collecteurs de reprise plus souvent, pour éviter que ces tuyaux, qui recevront plus d'eau que s'ils étaient placés plus superficiellement, n'aient une longueur plus considérable que ne le comporte leur section de débouché.

En général, on est porté à employer de préférence des tuyaux de dessèchement d'un diamètre notable : nous espérons que les considérations précédentes détruiront la prévention assez commune contre les tuyaux de 25 millimètres de diamètre : cependant nous donnons encore ici l'indication d'un grand avantage des petits tuyaux : —Si le même volume d'eau doit passer par deux tuyaux de diamètres différents et de pente égale, la vitesse de l'eau dans le tuyau le plus petit sera plus considérable que dans le grand tuyau.

En effet, soient (fig. 73 et 74), deux tuyaux A et B, le premier ayant un diamètre double de celui du second. La vitesse dans un courant, toutes choses égales d'ailleurs, est, d'après la formule pratique de Prony, d'autant plus grande que le rapport entre la surface et le contour mouillé

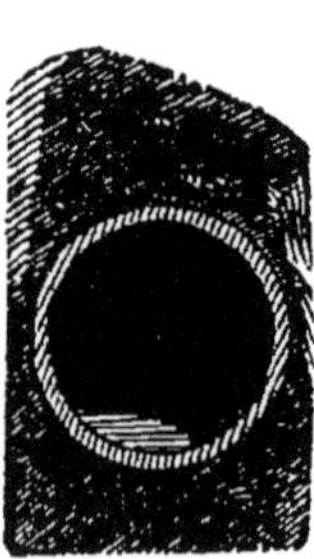

Fig 73.

Fig. 74.

(fig. 75) A B C, *a b c* est plus grand. Or il est facile de voir que ce rapport est plus grand dans le petit tuyau, et ces vitesses sont à peu près dans le rapport inverse des quotients de la section par le périmètre mouillé. Ainsi, un tuyau double pour le même volume donnera une vitesse plus faible de 1/4 ou même 3/10. — Or, si nous considérons que, la plupart du temps, les drains sont à peine mouillés, on voit que les petits tuyaux ont l'avantage de conserver, pour des écoulements faibles, une vitesse plus grande que celle que la même quantité d'eau pourrait prendre dans un tuyau de diamètre plus fort. Une vitesse plus grande empêche les dépôts, et c'est dans le but d'avoir aussi un filet d'eau rapide, que l'on avait essayé l'emploi de tuyaux à section ovale (fig. 76), mais la difficulté d'exécution et de pose les a fait laisser de côté, et l'on emploie généralement des tuyaux circulaires : or, pour écouler un faible volume, les grands tuyaux donnent un frottement perpétuel beaucoup plus grand et par suite ne permettent pas à l'eau d'acquérir une vitesse convenable pour empêcher les dépôts qui, une fois commencés en un point, augmentent la tendance que peut avoir l'eau à déposer.

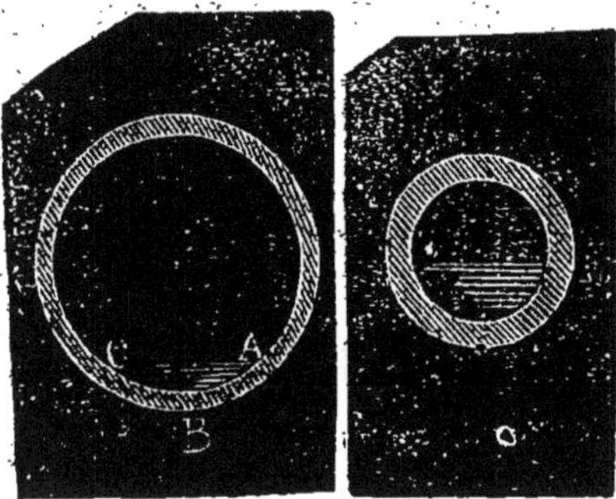

Fig. 75.

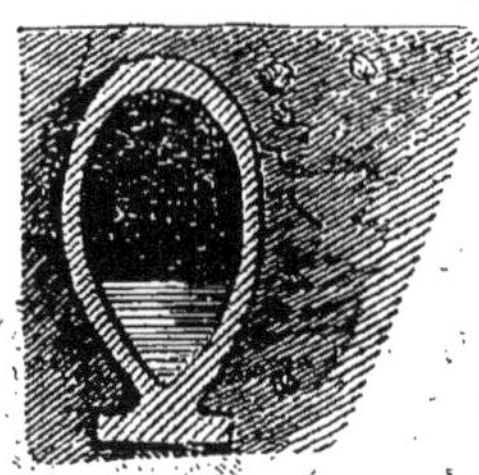
Fig. 76.

§. 3. — FORMES DIVERSES DE CONDUITS DE DRAINS

Dans les *pierrées* recueillant des sources faibles, les conduits sont des petits canaux en pierres, en briques ou en tuiles : or, d'après ce que nous avons dit dans le premier paragraphe de ce chapitre, la forme de leur section n'est pas indifférente. Ainsi, une section carrée (fig. 77) donnera,

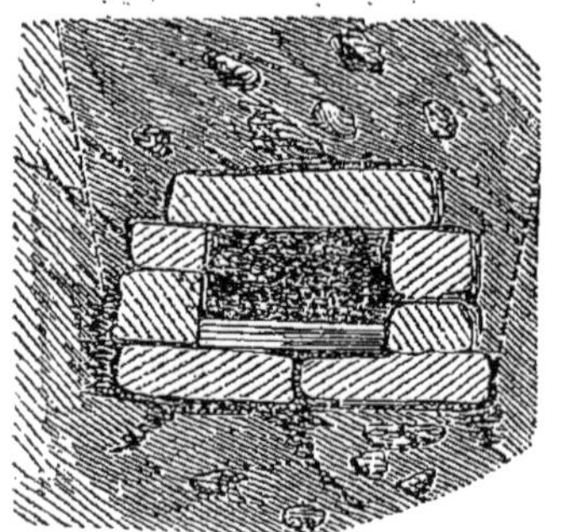

Fig. 77.

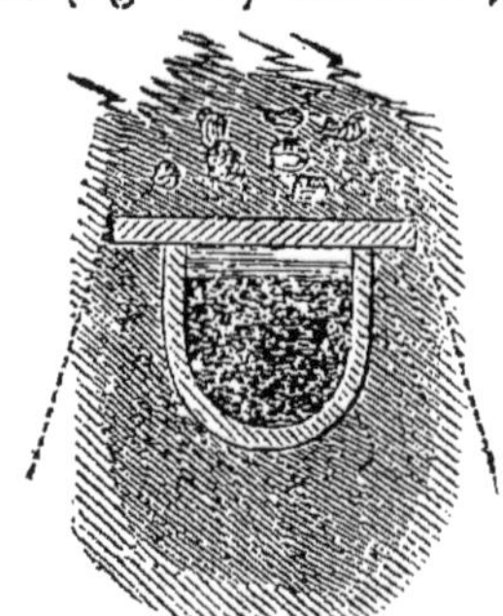

Fig. 78.

à égalité de section et de pente, une vitesse moindre que la section demi-circulaire (fig. 78), et enfin la section triangulaire (fig. 79) offre l'avantage d'une vitesse notable, quelque faible que soit le volume d'eau à écouler : ce sont donc ces deux dernières sections que l'on doit adopter autant que possible. Les tuyaux sont actuellement employés pour la presque totalité des drains; quelques grands collecteurs seront parfois exécutés en pierres, mais seulement dans des cas exceptionnels.

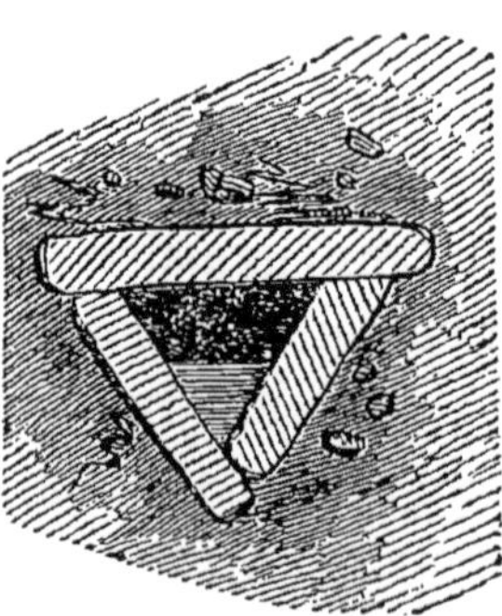

Fig. 79.

CHAPITRE V.

De l'établissement d'un plan de drainage.

§. 1. — CONVENTIONS ADOPTÉES.

Le tracé et le relevé des courbes horizontales et des limites de la pièce à drainer étant terminé sur le terrain, on fait le dessin, ordinairement à l'échelle de 1 millimètre par mètre.

Les limites des pièces de terre seront représentées par un trait ponctué formé de petites croix +++++++

Les horizontales réelles par un ponctué en points ronds......

Les horizontales redressées par une ligne ponctuée en points longs — — — — — —

Les tuyaux de déssèchement de 0,025 millimètres seront représentés par un simple trait plein et fin

Les tuyaux de 0,030 millimètres par un trait plus fort, plein

Fig. 80.

Les tuyaux de 0,040 millimètres par un gros trait, plein

Les tuyaux de 0,050 millimètres par un double trait fin

Les tuyaux de 0,060 millimètres par un double trait moyen

Les tuyaux de 0,075 millimètres par un double trait gros ce qu'indique la fig. 80.

Les tuyaux d'un diamètre plus considérable seront indiqués par 3 traits avec la même gradation que précédemment.

Les faîtes du terrain seront indiqués, s'il y a lieu, par des lignes ponctuées alternées, points *ronds* et *longs* —·—·—·—

Les horizontales seront *cotées*, afin de bien indiquer leurs hauteurs relatives.

Les *regards* seront indiqués sur le plan par un petit cercle, comme il est indiqué (fig. 66) et les bouches par un demi-cercle (même figure).

On désignera sur le plan chaque drain de dessèchement par un numéro d'ordre,—et on indiquera, à l'encre rouge, la profondeur dans chaque point où elle diffère sensiblement de la moyenne. Les collecteurs seront désignés par une lettre en partant du drain le plus inférieur qui aura toujours la lettre A.

Le plan fait avec toutes ces indications, il sera facile de faire un tableau de tous les drains des divers diamètres; en indiquant leur développement, on déterminera ainsi le nombre des tuyaux de diverses grosseurs qui devront être achetés.

Ces conventions connues et adoptées, il ne nous reste plus, pour terminer cette Ire PARTIE DE L'EXÉCUTION DU DRAINAGE, LE TRACÉ, que de donner quelques exemples de tracés sur des terrains de formes variées.

§ 2. — RÉDACTION D'UN PROJET DE DRAINAGE.

Nous avons dit, dès le commencement de la section III, qu'il était possible d'éviter le travail d'un *plan* de drainage : cela est, du reste, suffisamment démontré par les détails donnés sur la *Méthode directe* du tracé des drains. Mais il sera toujours utile, lorsqu'on le pourra, de faire un plan, comme nous l'avons indiqué, en l'accompagnant d'un mémoire explicatif et d'un métré des travaux.

Le temps consacré à ce travail n'est jamais perdu : il permet d'étudier à fond tous les détails, de prévoir exactement les quantités de tuyaux de toutes grandeurs, l'emplacement des regards, la profondeur des drains aux différents points, etc., etc.

Dans ce mémoire, le draineur doit indiquer la composition du sol et du sous-sol, jusqu'à la profondeur étudiée dans les tranchées d'essai (page 10); il doit noter les difficultés ou les facilités particulières qui pourront se présenter dans l'exécution des travaux, par suite de la composition et de l'épaisseur des diverses couches, de la présence de blocs erratiques, de roches, etc., etc.

Il doit aussi indiquer le meilleur mode de décharge des eaux en dehors du champ, le point le plus bas auquel l'écoulement peut se faire, et s'il y a nécessité d'user des facilités données par la récente loi sur le drainage, que nous transcrivons à la fin de la première partie de ce travail. Souvent la grande difficulté du drainage consiste dans l'expulsion des eaux recueillies.

Un tableau doit indiquer dans un ordre méthodique, pour chaque drain collecteur ou de desséchement, la longueur totale, la pente par mètre, le diamètre des tuyaux, et enfin les changements de pente ou de profondeur, s'il y a lieu.

En suivant les principes que nous avons posés précédemment, il sera *facile* de tracer le drainage d'un terrain de forme ou de pente quelconque; mais il ne faut pas croire que cette facilité exclue l'étude : c'est en faisant plusieurs essais de tracés sur le *plan* que l'on arrive à déterminer les meilleures combinaisons, et quelques heures de ce travail peuvent procurer une économie notable dans l'exécution même du drainage, soit en donnant le moyen d'éviter des profondeurs variables, de diminuer le nombre des drains collecteurs ou autres, d'assurer le bon écoulement, etc., etc.

Il en est d'un projet de drainage comme de tout autre projet (bâtiment, machine, etc.) : si l'on ne prévoit, avant le commencement des travaux, tous les plus petits détails, on est souvent arrêté par des difficultés imprévues, on s'engage dans de fausses routes, et des pertes fâcheuses s'ensuivent; heureux, encore, si l'on atteint à peu près son but, et si le travail n'est pas tellement défectueux que l'on soit forcé de le recommencer.

En résumé, le mémoire justificatif relatera tout ce qui a pu décider l'adoption de la profondeur et de l'espacement choisis, de la position et de la dimension des collecteurs, des regards, des bouches d'évacuation, etc.

Nous donnons, pour servir d'étude et de comparaison, les projets suivants faits d'après des terrains nivelés soigneusement. La petitesse de nos dessins ne nous permet pas d'adopter les signes conventionnels (fig. 80) pour les différents diamètres de tuyaux. — Nous les indiquerons donc en chiffres.

I. — La figure 81 représente, à l'échelle de un demi-

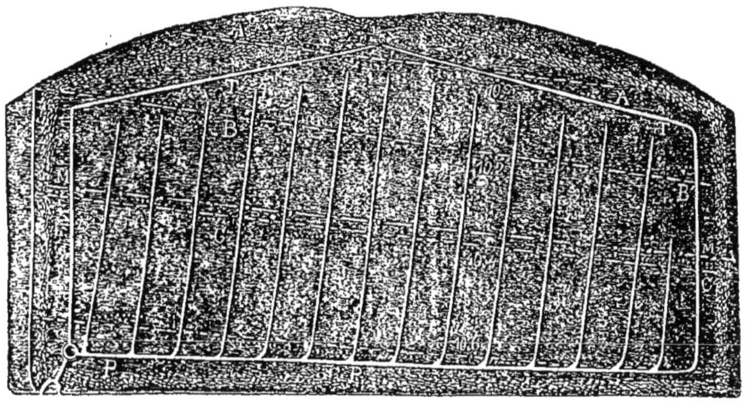

Fig. 81.

millimètre pour un mètre, un champ n'ayant qu'une seule pente, et sur la gauche duquel passe une grande route dont les fossés peuvent, après un léger approfondissement, recevoir les eaux du drainage. Le champ est clos de haies et présente une surface de 1^{HA} 03^A 20^{CA} (un hectare, trois ares et vingt centiares). Les horizontales courbes, indiquées en petits points, ont été tracées directement sur le terrain avec le niveau d'eau, levées au moyen de perpendiculaires menées sur le côté inférieur du champ et rapportées sur le plan.—Le ponctué allongé indique le redressement de ces courbes, et enfin, le ponctué mixte M M est la direction moyenne des trois horizontales redressées du terrain : les drains de dessèchements seront tous perpendiculaires sur cette ligne M M.

Le terrain supérieur à cette pièce de terre peut amener des eaux souterraines : cette circonstance entraîne l'emploi d'un drain d'isolement tracé parallèlement au bord supérieur du champ, à une distance d'un demi-espacement des drains ; — la forme du terrain fait comprendre que ce drain d'isolement doit jeter ses eaux à droite et à gauche (T', T). Les drains de dessèchement n'ayant qu'une longueur très-limitée, il n'est pas besoin de collecteur de reprise. — La pente du terrain étant en moyenne de 9 millimètres par mètre, et le sous-sol ne renfermant pas de sources, les petits drains, ou drains de dessèchement, auront 25 millimètres de diamètre intérieur. — Le drain collecteur est placé au bas du champ, et, comme il recevra seulement les eaux d'un hectare, il sera fait avec des tuyaux de 45 ou de 40 millimètres, dimensions suffisantes si l'on a soin d'augmenter la profondeur, à partir de l'origine du collecteur, jusqu'à son extrémité, autant que cela sera possible. Un regard, indiqué par un petit cercle, est placé au bas de ce collecteur, et reçoit les eaux du drain d'isolement de gauche ; enfin, un tuyau, de 40 à 50 millimètres de diamètre intérieur, part du fond du regard et conduit la totalité des eaux des drains jusqu'au fossé de la route. Le sous-sol est une terre franche, argileuse, d'une grande profondeur, avec des alternances de compacités diverses. — La profondeur moyenne des drains de dessèchement sera de 1m10 au moins, et l'espacement, de 11 mètres.

Métré des drains.

Le drain d'isolement de droite aura 0m95 de profondeur à son origine, et 1m05 au coude T', et conservera cette profondeur jusqu'à l'origine du collecteur.

Le collecteur aura, à son origine, 1^m05 de profondeur, et 1^m35 à son extrémité.

Le drain d'isolement de gauche a 1 mètre de profondeur à son origine, et 1^m15 au coude qu'il fait à l'angle du champ; il conserve cette profondeur jusqu'au collecteur.

Le premier tracé des drains de desséchement indiqué par la figure 81, a donné 14 lignes; mais il est facile de voir que les drains de desséchement extrêmes de droite et de gauche sont trop rapprochés des drains d'isolement, et qu'on peut les supprimer sans aucune diminution d'efficacité, en traçant seulement douze drains de desséchement espacés de 11 mètres.

Le tableau suivant donne, pour faire concorder les petits drains avec le collecteur, les profondeurs et les longueurs des drains de desséchement, à partir du haut du collecteur. On en déduit que la profondeur moyenne des drains de dessèchement est de 1^m085, et leur longueur totale, 679 mètres. Le drain d'isolement et le collecteur présentent ensemble une longueur de 388 mètres : total 1,067, ou par hectare : 1,036 mètres.

Ce tableau servira dans la détermination du prix du drainage à effectuer.

INDICATION des DRAINS.	Longueur totale.	PROFONDEURS			Diamèt. des tuyaux	OBSERVATIONS
		à l'origine.	à la fin.	moyenne.		
	m	m	m	m	mil.	
Isolement (droite).	126	0.95	1.05	1.000	35	Pour ne pas acheter plusieurs modèles de tuyaux, on peut prendre 40 mil.
Isolement (gauch.)	123	1.00	1.15	1.075	35	
Collecteur P......	139	1.05	1.35	1.150	40	
Id. de décharge.	X	1.35	1.40	1.350	50	
Desséchem. n° 1.	50	1.00	1.020	1.010	25	Les drains de desséchement ont 3 centim. de profondeur en moins que celle du collecteur dans lequel ils débouchent.
Id. n° 2.	53	1.00	1.047	1.023	25	
Id. n° 3.	55	1.00	1.075	1.038	25	
Id. n° 4.	58	1.00	1.102	1.051	25	
Id. n° 5.	60	1.00	1.130	1.065	25	
Id. n° 6.	62	1.00	1.157	1.078	25	
Id. n° 7.	64	1.00	1.184	1.092	25	
Id. n° 8.	61	1.00	1.212	1.106	25	
Id. n° 9.	58	1.00	1.239	1.119	25	
Id. n° 10.	55	1.00	1.267	1.138	25	
Id. n° 11.	53	1.00	1.294	1.147	25	Moyenne profondeur 1.085.
Id. n° 12.	50	1.00	1.322	1.161	25	

En résumé, il faudrait 2,037 tuyaux de 25 millimètres, sans compter 5 p. 0/0 environ pour remplacer les tuyaux cassés dans le transport et le déchargement, soit 100 tuyaux. Tuyaux de 40 millimètres pour drains d'isolement et collecteur, 864. En tout, dans le champ : 2,901 tuyaux.

En dehors du champ, il faudra quelques gros tuyaux pour la bouche.

II. — La figure 82 représente encore un champ dont la pente n'a qu'un sens, mais dont la longueur totale dépassant 220 mètres force à employer un drain de reprise II. Le drain d'isolement n'était pas ici nécessaire, car le terrain supérieur est assez sain et appartient au même propriétaire: A, B, C... F horizontales (petits points) distantes verticalement de un demi-mètre; — A', B', C'..... F' horizontales redressées (points longs); M, moyenne direction des horizontales rectifiées, sur laquelle tous les drains sont perpendiculaires. Ce plan est à l'échelle de 1 millimètre pour 5 mètres. La surface totale est de 5^{HA} 13^{A} 08^{CA}. — Nous ne recommencerons pas le détail fait dans l'exemple précédent. — Nous ne donnerons que le résultat définitif. — Les drains de desséchement sont espacés de 12 mètres, et présentent une longueur totale de 3,540 mètres. Le drain collecteur de reprise et le collecteur inférieur sont en tuyaux de 60 millimètres, ainsi que la partie inférieure du premier drain de desséchement qui reçoit les eaux du collecteur de reprise; ces drains représentent un dévelop-

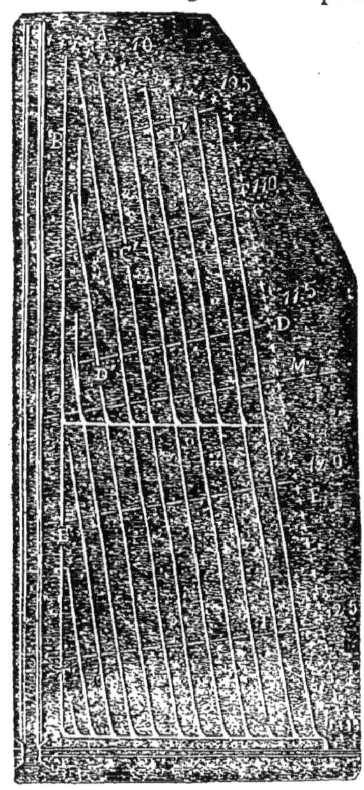

Fig. 82.

pement de 427 mètres. — Quelques mètres de gros tuyaux porteront la totalité des eaux dans le ruisseau situé au bas du champ. La surface totale étant de 5^HA 13^A 08^cA, il y a, par hectare, 689 mètres de drains de dessèchement, et 83 mètres de collecteur : total 772 mètres de tous drains.

III. — La figure 83 présente, à l'échelle de un demi-

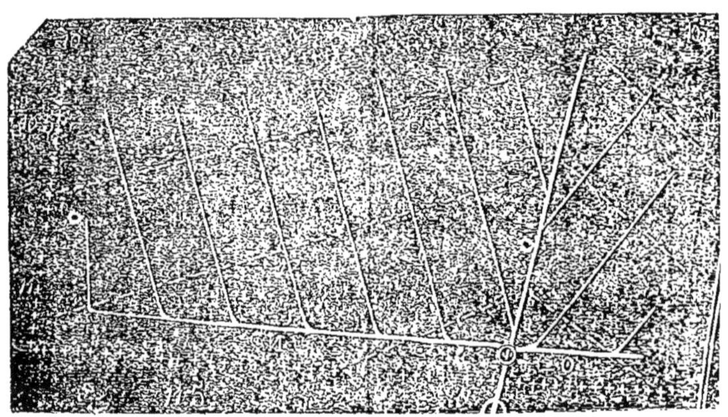

Fig. 83.

millimètre pour mètre, le projet de drainage d'un pré dont le relief est celui d'une vallée à forme très-adoucie. Un collecteur naturel est placé dans le thalweg, et de chaque côté les drains de dessèchement des deux versants y jettent leurs eaux, à l'exception de ceux des extrémités qui débouchent dans deux collecteurs, N et O, placés au bas du pré, à un demi-espacement du bord. Les drains de dessèchement sont espacés de 15 mètres, et on s'est dispensé de placer des drains d'isolement, bien que le terrain supérieur fournisse quelques sources, car une petite quantité d'eau *courante* n'est pas nuisible dans une prairie naturelle. Les drains de dessèchement ont 1m15 de profondeur moyenne, et présentent un développement total de 382 mètres, y compris le petit collecteur O : tous sont faits avec des tuyaux de 30 millimètres de diamètre ; le commencement du collecteur de thalweg et du collecteur O sont aussi en tuyaux de 30 millimètres, et compris dans le total précédent. Les collecteurs sont faits en tuyaux ds 45 millimètres, et n'ont que 114 mètres de développement. La surface étant de 1 hectare, 3 ares, 24 centiares, la longueur de drains, par hectare, est de 370 mètres de petits drains et 110 mètres de collecteurs : total 480 mètres.

IV. — La figure 84 représente un cas à peu près semblable, à la même échelle, et donnant pour une surface

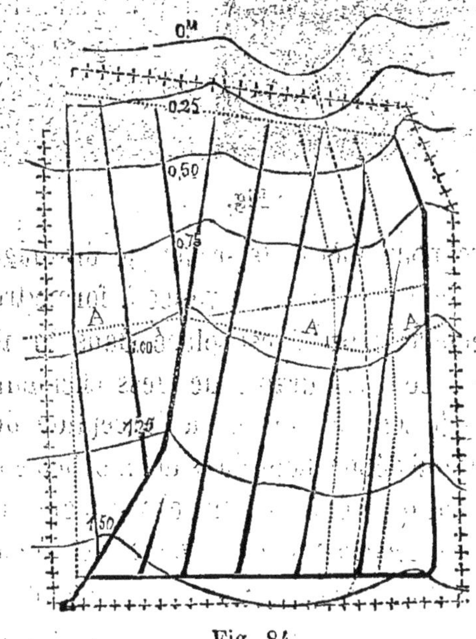

Fig. 84.

de 99 ares, les drains de dessèchements espacés de 13 mètres, un développement de 710 mètres de drains de 25 millimètres, et 148 mètres de collecteurs de 40 millimètres; soit par hectare, 718 mètres de drains de dessèchement, et 150 mètres de collecteurs : total, 868 mètres.

V. — La figure 85 est le plan du drainage d'un champ dont la surface présente un léger *dos d'âne* dans le sens de l'une des diagonales, comme les courbes 10 mètres, 10m5, 11 mètres, et 11m5 l'indiquent par leur convexité tournée à l'aval.

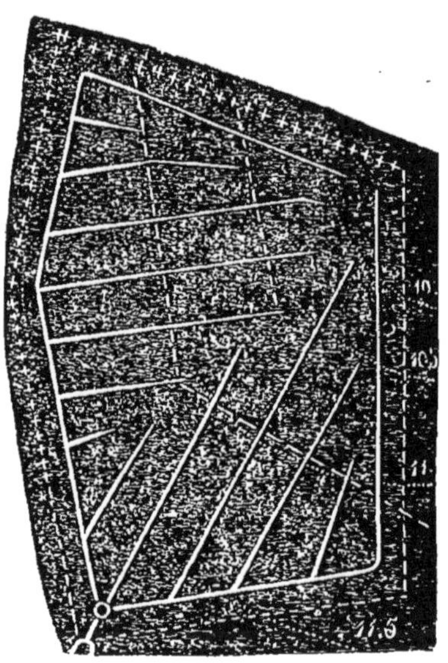

Fig. 85.

Dans ce cas, il n'y a qu'une bouche de sortie, bien que les deux versants tendent à rejeter leurs eaux dans deux sens divergents; mais souvent les circonstances forceront à adopter deux points de dégorgement. Les deux drains de dessèchement extrêmes fonctionnent, en outre, comme drains d'isolement; ils sont tracés parallèlement aux limites même du champ. Le mesurage a donné (pour une surface de 2HA 61A 12CA), 1,138 mètres de drains de dessèchement espacés de 20 mètres et 310 mètres de collecteur de 40 millimètres de diamètre. La profondeur des drains de dessèchement est de 1m20 au moins en moyenne, avec une pente décroissant de

17 à 9 millimètres ou en moyenne générale, 11 millimètres : la figure est à l'échelle de 1 millimètre pour 4 mètres.

VI. — La fig. 86 représente le profil d'une vallée aux

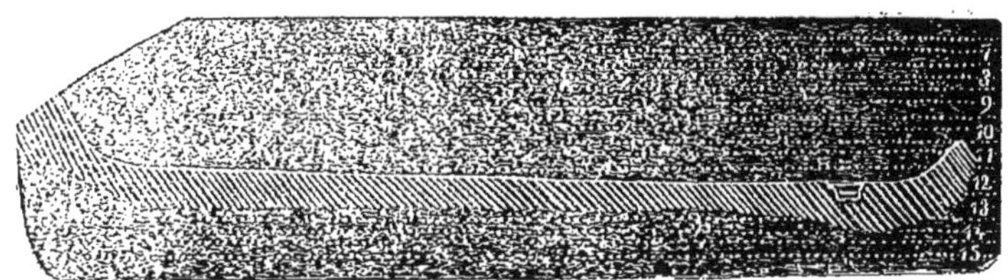

Fig. 86.

versants abruptes, et la fig. 87 est le plan du drainage. Le sol de cette vallée est légèrement perméable; mais son sous-sol est formé de couches diverses, imperméables pour la plupart. Le ruisseau qui la traverse à droite ayant une pente très-faible, ainsi que le terrain du fond même, l'eau séjourne longtemps après les pluies en mares disséminées, suivant les légères inflexions de la surface ; on constate aussi la présence de fontenages peu importants. — La première amélioration consiste dans le redressement et l'approfondissement du lit du ruisseau, tant pour lui donner une pente telle que l'écoulement s'y fasse constamment et qu'il ne s'envase plus comme dans l'état actuel, que pour s'en servir comme collecteur général de la partie droite. Les horizontales tracées sur le terrain, puis relevées et rapportées sur le dessin, ont été redressées ; elles ont ainsi servi à décomposer la surface courbe irrégulière du champ en parties presque planes, sur chacune desquelles les drains de desséchement forment des systèmes parallèles. Ces collecteurs ont été distribués de

Fig. 87.

telle façon qu'ils n'aient jamais à recevoir les eaux d'une trop grande surface.

Ainsi, les drains collecteurs sous-principaux A (recevant B) C, D et E jettent leurs eaux dans le lit redressé du ruisseau de droite ; à gauche un collecteur général K L M reçoit les drains sous-principaux F G H et I. — L'extrémité du drain K débouche dans un fossé découvert dont les talus sont à 40 degrés et gazonnés, afin qu'il soit facile de visiter l'orifice de sortie. — Le drain d'isolement que l'on voit à droite débouche à l'extrémité du lit redressé du ruisseau.

Les drains de dessèchement de la partie supérieure du terrain sont d'une profondeur constante, car la pente du sol est suffisante; mais, dans les parties basses, il est indispensable que la profondeur de chacun des drains de dessèchement aille en croissant de l'amont à l'aval pour augmenter la pente, celle du sol étant très-faible. Les collecteurs, quoique tracés en écharpe dans le but de leur donner une pente naturelle, ont aussi besoin, surtout dans la partie basse du terrain, d'un approfondissement continu. — Le niveau de l'eau de la rivière, au-dessous du sol, limite quelquefois cet approfondissement. Dans le cas présent, la rivière est heureusement très-encaissée, et la profondeur des drains peut être portée facilement à $1^{m}50$ ou $1^{m}60$, tout en conservant un bon écoulement. — Cette grande profondeur et la présence de couches poreuses alternées avec les couches rétentives, permettent d'espacer les petits drains de 30 mètres. — Le plan est à l'échelle de 1 millimètre pour 10 mètres, la surface totale est de $49^{HA.}$ 70^{A} $16^{C.A}$, et le développement des drains de dessèchement et des collecteurs, avec leurs profondeurs relatives, est indiqué dans le tableau suivant.

INDICAT. DES DRAINS.		LONGUEUR		PROFONDEUR.			PENTE par MÈT.			DIAMÈTRE DES TUYAUX.	SURFA[illegible] asséché[illegible]
collect.	de desséch.	partielle.	totale.	à l'origine.	à la fin.	moyenne.	natur. ou du terrain	artificiel.	totale.		
		mèt	mèt.	mèt.	mèt.	mèt	mil.	mil	mil	en millim.	HA. A.
A	»	130	»	1.55	1.68	1.60	2	1	3	120 à 130	9.81.
A	»	203	333	1.50	1.63	1.55	3	»	3	60 à 70	3.06.
B (1)	»	246	»	1.49	1.61	1.54	2.5	1	3.5	60 à 70	3.29.
B	»	128	374	1.49	1.55	1.52	3	0.5	3.5	50 à 60	2 39.
C	»	200	200	1.48	1.53	1.50	3	0.5	3.5	60 à 70	3.91.
D	»	175	»	1.48	1.53	1.50	3.5	0.5	4	»	»
D	»	255	»	1.48	1.53	1.50	3.5	0.5	4	»	»
D	»	205	»	1.47	1.51	1.50	4	»	4	»	»
D	»	160	695	1.47	1.52	1.50	4	»	4	110 à 120	8.38.
E	»	130	»	1.47	1.52	1.50	6	»	6	»	»
E	»	137	267	1.50	1.50	1.50	6	»	6	40 à 50	1.94.
F	»	60	»	1.570	1.660	1.60	1.5	2	3.5	»	»
F	»	227	»	1.55	1.55	1.55	4	»	4	»	»
F	»	110	397	1.53	1.53	1.53	4	»	4	60 à 70	3.98.
G	»	260	»	1.50	1.50	1.50	3.5	»	3.5	»	»
G	»	101	361	1.50	1.50	1.50	4	»	4	80 à 90	5 66.
H	»	60	»	1.50	1.50	1.50	3.5	»	3.5	»	»
H	»	160	220	1.50	1.50	1.50	5	»	5	70 à 80	4.68.
I	»	162	162	1.50	1.50	1.50	6	»	6	30 à 40	1.50.
K (2)	»	141	141	1.50	1.65	1.575	1.5	1.5	3	250 sur 250	17.21.
L (3)	»	161	»	1.50	1 55	1.525	3	0.5	3.5	200 sur 200	13.79.
M	»	194	»	1.50	1.50	1.50	4	»	4	120 à 130	8.12.
N	»	100	»	1.50	1.50	1.50	5	»	5	40	0.78.
»	N1	160	»	1.50	1.50	1.50	8	»	8	30	0.42.
Isolem. (4)	»	225	»	1.50	1.70	1.50	2.5	1	3.5	50	»
Id. (5)	»	225	»	»	»	»	»	»	»	50	»
Id.	»	98	»	»	»	»	»	»	»	50	1.64.
A	A1	220	»	1.500	1.521	1.54	3.6	0.4	4	30	»
»	A2	110	»	1.500	1.558	1.54	3.6	0.4	4	»	»
»	A3	190	»	1.500	1.574	1.54	3.5	0.5	4	»	»
»	A4	215	»	1.486	1.594	1.54	3.5	0.5	4	»	»
»	A5	215	»	1.476	1.584	1.53	3.5	0.5	4	»	»
»	A6	216	»	1.466	1.574	1.52	3.5	0.5	4	»	»
»	A7	216	»	1.456	1.564	1.51	3.5	0.5	4	»	»
»	A8	216	»	1.446	1.554	1.50	3.5	0.5	4	»	»
»	A9	216	»	1.436	1.544	1.49	3.5	0.5	3	»	»
»	A10	60	1874	1.390	1.570	1.48	»	3	4	30	»
»	B1 à B5	»	912	»	»	1.50	4	»	4	30	»
»	C1 à C6	»	1204	»	»	1.50	4	»	9	30	»
»	D1 à D13	»	2446	»	»	1.50	9	»	14	25	»
»	E1 à E10	»	516	1.500	1.500	1.50	14	»	»	25	»
»	F1 à F8	»	1130	»	»	1.50	»	»	»	30	»
»	G1 à G12	»	1714	»	»	1.50	»	»	»	30	»
»	H1 à H8	»	1451	»	»	1.50	»	»	»	25	»
»	I1 à I3	»	454	»	»	1.50	»	»	»	25	»
»	K1 à C5	»	1070	»	»	1.50	»	»	»	30	»
»	M1	»	75	»	»	1.50	»	»	»	25	»

(1) B débouche sur A. — (2) Canal en briques. — (3) Idem. — (4 et 5) Indiqué, s[illegible] lettre, à droite le long du côteau.

Les petits drains de 25 millimètres ont un développement total de 4,942 mètres ; ceux de 30 millimètres, 8,064 mètres, ensemble 13,006 mètres de drains de desséchement et 3,605 mètres de collecteurs de toutes grandeurs. La surface totale étant 49^{HA}, 70^{A}, $16^{c.A}$, la quantité de tous drains par hectare est de 334 mètres.

Il n'est pas possible de déterminer exactement à priori la longueur totale des drains pour un espacement donné : car ce nombre, pour un hectare, dépend de la grandeur de la pièce à drainer, de la position particulière des collecteurs, de la forme géométrique de la pièce de terre.

En appelant D la distance entre deux drains de desséchement, L la longueur totale des drains, les deux formules suivantes donneront approximativement, pour les petits champs et pour les grandes pièces de terre, la longueur totale des drains :

$\frac{10750}{D} = L$ dans les petites pièces, $\frac{10500}{D} = L$ dans les grandes pièces.

Ces formules donnent, pour divers espacements, les nombres du tableau suivant :

PETITES PIÈCES.				GRANDES PIÈCES.			
Distance.	Longueur	Distance.	Longueur	Distance.	Longueur	Distance.	Longueur
	mètres.		mètres.		mètres.		mètres.
8	1344	14	765	8	1313	14	750
10	1075	15	717	10	1050	15	700
11	976	20	537	11	954	20	525
12	894	25	430	12	875	25	420
13	825	30	356	13	807	30	350

Il est excessivement rare qu'une pièce à drainer présente plus de difficultés. Nous espérons donc que les détails qui précèdent suffiront aux personnes chargées de tracer un drainage.

VII et VIII.—Les fig. 88 et 89 représentent les plans de

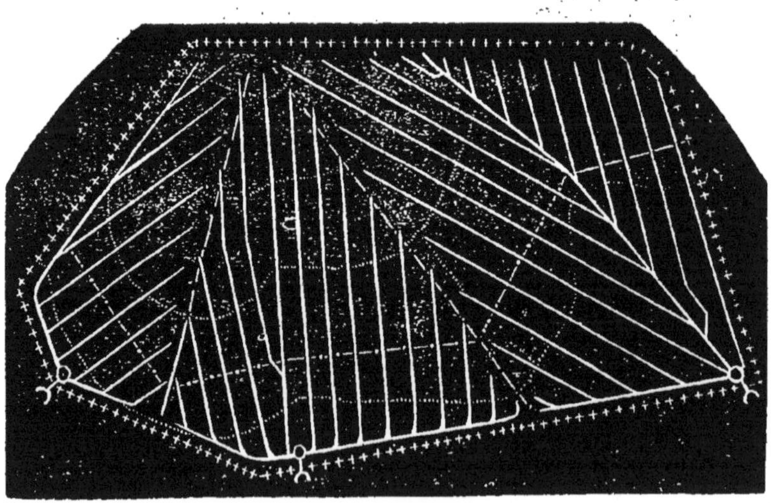

Fig. 88.

deux pièces à surfaces irrégulières; il est facile de voir que, dans ce cas, chaque versant ou partie plane du sol est traité comme nous l'avons indiqué pour les cas élémentaires des fig. 81, 82, 83 et 85.

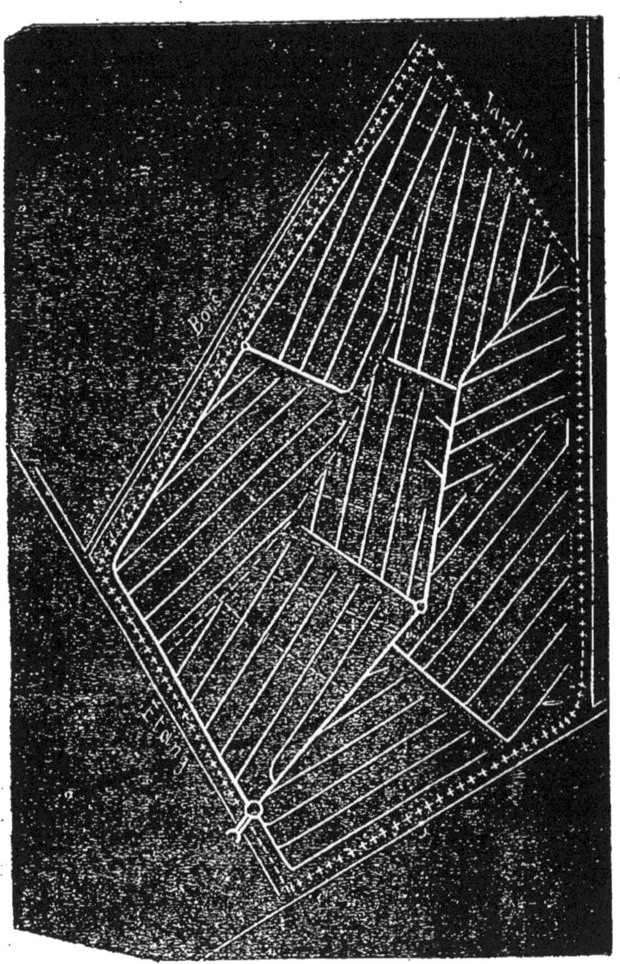

Fig. 86.

§ 3. — DE L'EXPULSION DES EAUX DU DRAINAGE.

Dans les exemples qui précèdent, nous avons toujours supposé, ce qui arrive le plus souvent, que la pente du sol et sa position permettaient d'évacuer les eaux en dehors du champ en prolongeant les collecteurs jusqu'à un fossé de route, un ruisseau ou un courant d'eau naturel, un étang ou même un lac; mais il se présente parfois le cas exceptionnel où, faute de pente, le drainage n'est pas possible, car on ne sait comment se débarrasser des eaux recueillies. On doit, dans ce cas particulier, rechercher s'il n'existe pas souterrainement une couche perméable dans laquelle on puisse jeter les eaux recueillies par les drains dans le sol et le sous-sol cultivé, que ces eaux viennent de source ou seulement de la pluie tombée sur le terrain.

Ainsi soit, par exemple, le terrain représenté en coupe, (fig. 90.) Si la couche imperméable A B qui retient les

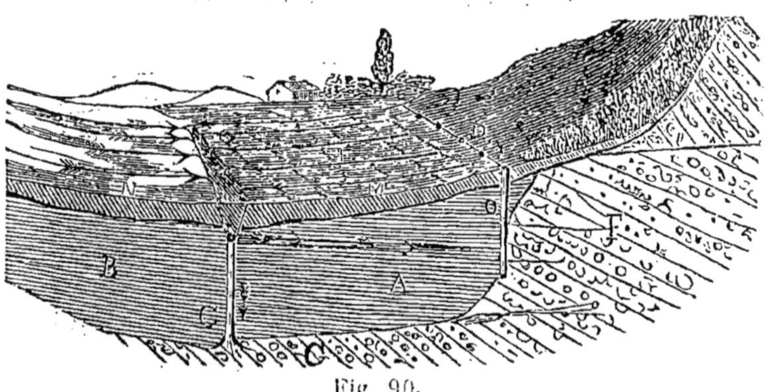

Fig. 90.

eaux dans le sol et le sous-sol N V, ne présente pas une profondeur trop considérable et que la couche qu'elle surmonte soit perméable, absorbante (roches fendillées, graviers, galets roulés, etc., etc.,), il est certain que l'on pourra tracer un drainage ordinaire sur le champ **M N D E** et réunir les eaux de cette pièce de terre dans un puits descendant (puisard ou boit-tout), placé au point le plus bas du champ à drainer, et dans lequel les eaux se perdront, absorbées par la couche perméable. Si l'étendue drainée est considérable, il sera nécessaire d'établir plusieurs *boit-tout* et de choisir leur emplacement de manière à y réunir facilement les eaux des différentes parties du champ.

Cette méthode n'est applicable qu'autant que le puits *boit-tout* ne doit pas atteindre une profondeur considérable; car, passé une certaine limite, le prix de revient du forage du puits absorbant serait trop élevé pour l'avantage qu'on peut espérer du drainage.

Géologiquement, il est presque toujours possible de trouver une couche absorbante; mais, sous le rapport économique, ce moyen de perdre les eaux est assez rarement applicable.

Les expériences sur ce mode d'expulsion des eaux de drainage sont fort rares, et nous ne pouvons ici que présenter le principe.

Les puits absorbants doivent, comme nous l'avons dit, être placés au point le plus bas pour que la pente naturelle du sol permette d'y réunir les eaux recueillies par les drains de desséchement : cependant, dans bien des cas, il peut être avantageux de faire le puisard en O de manière à diminuer beaucoup la profondeur du forage. — L'eau du sol est encore alors receuillie dans un drain collecteur placé dans le thalweg et indiqué sur la figure entre **M** et **N**, mais on ramène cette eau dans le puisard **O** par un drain allant en contre pente du versant de droite.

Dans chaque cas une étude préliminaire est indispensable pour décider l'adoption de la disposition la plus convenable.

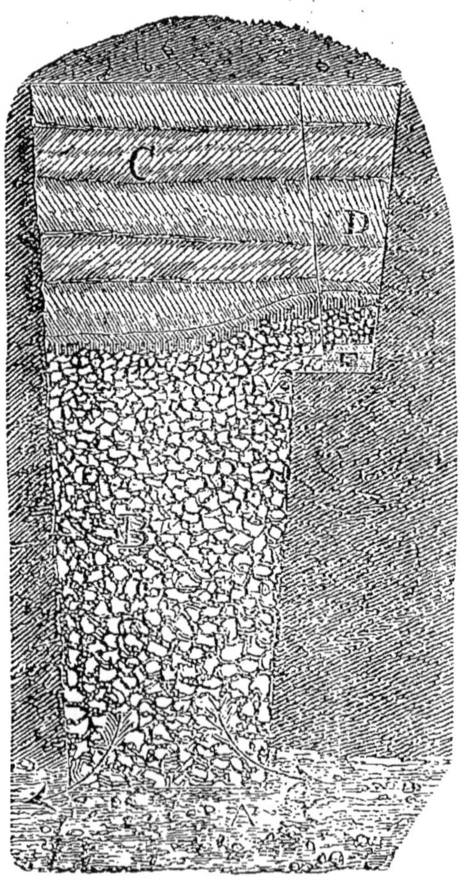

Fig. 91.

Lorsque les puits absorbants sont peu importants, ils sont percés de distance en distance sur les côtés du collecteur général, comme l'indique la figure 91, et remplis de pierres cassées. Si la profondeur est plus grande, les puits sont remplacés par des trous percés avec la sonde à main (fig. 92): on comprend que, suivant la disposition des couches successives, les trous forés pourront amener de l'eau (*puit artésien ou jaillissant*) ou, au contraire, absorber celle du terrain cultivé (*boit-tout*). Aussi les sondages et les puisards font-ils partie de la méthode d'Elkington dont le but est de chercher les sources et de les couper ou de les perdre. Employée avec intelligence, la méthode d'expulsion de l'eau de drainage que nous venons d'indiquer peut, dans quelques cas, être très-économique : ainsi, lorsque le point de décharge des eaux est situé à une grande distance et que le passage sur les terres étrangères, permis par la récente loi sur le drainage, deviendrait trop coûteux, ou enfin lorsque la pente ferait absolument défaut.

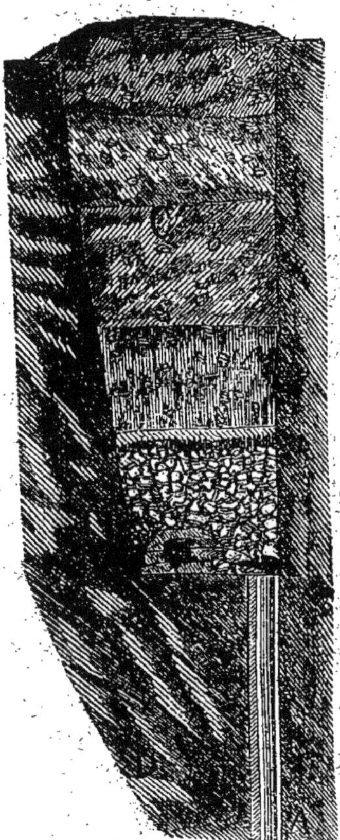

Fig. 92.

Nous transcrivons ici la loi sur le drainage.

Loi sur l'écoulement des eaux de drainage

Adoptée dans la session législative de 1854.

Article premier. Tout propriétaire qui veut assainir son fonds par le drainage ou un autre mode d'assèchement peut, moyennant une juste et préalable indemnité, en conduire les eaux souterrainement ou à ciel ouvert à travers les propriétés qui séparent ce fonds d'un cours d'eau ou de toute autre voie d'écoulement.

Sont exceptés de cette servitude, les maisons, cours, jardins, parcs et enclos attenant aux habitations.

Art. 2. Les propriétaires de fonds voisins ou traversés ont la faculté de se servir des travaux en vertu de l'article précédent, pour l'écoulement des eaux de leurs fonds.

Ils supportent dans ce cas : 1° une part proportionnelle dans la valeur des travaux dont ils profitent ; 2° les dépenses résultant des modifications que l'exercice de cette faculté peut rendre nécessaires : et 3° pour l'avenir, une part contributive dans l'entretien des travaux devenus communs.

Art. 3. Les associations de propriétaires qui veulent

au moyen de travaux d'ensemble, assainir leurs héritages par le drainage ou tout autre mode d'assèchement jouissent des droits et supportent les obligations qui résultent des articles précédents. Ces associations peuvent, sur leur demande, être constitués par arrêtés préfectoraux, en syndicats auxquels sont applicables les art. 3 et 4 de la loi du 14 floréal an XI.

Art. 4. Les travaux que voudraient exécuter les associations syndicales, les communes ou les départements pour faciliter le drainage ou tout autre mode d'assèchement, peuvent être déclarés d'utilité publique par décret rendu en conseil d'Etat.

Le règlement des indemnités dues pour expropriation est fait conformément aux paragraphes 2 et suivants de l'art. 16 de la loi du 21 mai 1836.

Art. 5. Les contestations auxquelles peuvent donner lieu l'établissement et l'exercice de la servitude, la fixation du parcours des eaux, l'exécution des travaux de drainage ou de dessèchement, les indemnités et les frais d'entretien, sont portées en premier ressort devant le juge de paix du canton qui, en prononçant, doit concilier les intérêts de l'opération avec le respect dû à la propriété.

S'il y a lieu à expertise, il pourra n'être nommé qu'un seul expert.

Art. 6. La destruction totale ou partielle des conduits d'eau ou fossés évacuateurs est punie des peines portées à l'art. 456 du Code pénal.

Tout obstacle apporté volontairement au libre écoulement des eaux est puni des peines portées par l'art. 457

du même Code. L'art. 463 du Code pénal peut être appliqué.

Art. 7. Il n'est aucunement dérogé aux lois qui règlent la police des eaux.

Voici le texte des articles du Code pénal cités ci-dessus.

Art. 456. Quiconque aura en tout ou en partie comblé des fossés, détruit des clôtures, de quelques matériaux qu'elles soient faites, coupé ou arraché des haies vives ou sèches; quiconque aura déplacé ou supprimé des bornes ou pieds corniers, ou autres arbres plantés ou reconnus pour établir des limites entre différents héritages, sera puni d'un emprisonnement qui ne pourra être au-dessous d'un mois ni excéder une année et d'une amende égale au quart des restitutions et des dommages intérêts, qui, dans aucun cas, ne pourra être au-dessous de 50 francs.

Art. 457. Seront punis d'une amende qui ne pourra excéder le quart des restitutions et des dommages-intérêts, ni être au-dessous de 50 francs, les propriétaires ou fermiers, ou toute personne jouissant de moulins, usines ou étangs qui, pour l'élévation du déversoir de leurs eaux au-dessus de la hauteur déterminée par l'autorité compétente, aurait inondé les chemins ou les propriétés d'autrui. S'il est résulté du fait quelques dégradations, la peine sera, outre l'amende, un emprisonnement de six jours à un mois.

FIN DE LA PREMIÈRE PARTIE.

SOMMAIRE.

EXÉCUTION DU DRAINAGE.

2e Partie. — Établissement des drains.

SECTION Ire.

TRAVAUX PRÉPARATOIRES.

CHAPITRE PREMIER.

Principes généraux de la conduite des travaux de drainage.

Bien *tracer* ses trains est la première condition d'un bon drainage, mais les *exécuter*, les établir convenablement est une seconde condition au moins aussi importante que la première. — Les préceptes sont nombreux et détaillés aux différents chapitres de cette seconde partie; mais nous croyons nécessaire de donner, dès le commencement, quelques préceptes généraux de conduite.

Le cultivateur qui veut *drainer* ne doit commencer l'exécution qu'autant qu'il est parfaitement fixé sur les travaux à faire, par des nivellements exacts et même un bon plan de drainage.

Le drainage des diverses *pièces de terre* doit se faire successivement, mais le plus rapidement possible, pour profiter, aussitôt qu'il se pourra, des avantages que cette amélioration apporte dans les produits.

Le travail général du drainage doit être *assolé*, c'est-à-dire que l'on doit fixer la période d'assolement, l'année et la saison pendant laquelle chacune des pièces de terre doit être drainée, de façon à ne *rien perdre* des récoltes et à ne gêner en aucune façon le cours normal de l'assolement, les travaux de main-d'œuvre journaliers, etc.; c'est-à-dire qu'il est important de faire un choix judicieux des *soles* sur lesquelles on peut avantageusement drainer et des *saisons* les plus convenables pour l'exécution des travaux ; ces deux dernières considérations sont du reste intimément liées l'une à l'autre.

On ne doit pas entreprendre, dans une saison, le travail sur une étendue trop considérable pour le nombre d'hommes dont on peut disposer, car il résulte des retards très-préjudiciables dans les divers travaux de préparation du sol, et même parfois une *exigence* exagérée de la part des ouvriers.

Les tuyaux, manchons, etc., dont on peut avoir besoin, doivent être achetés à l'avance et transportés au meilleur moment sur le terrain, et, autant qu'il se pourra, avant l'ouverture des tranchées, de sorte que les ouvriers n'attendent pas les matériaux, et que les chariots ne soient pas astreints à circuler dans un champ rempli de tranchées ouvertes, qui pourraient devenir une cause d'accidents ou être elles-mêmes détériorées.

Le drainage de la ferme entière doit être commencé par la pièce la plus basse, ou, si cela n'est pas possible, pour exécuter immédiatement les travaux et tenir compte de l'assolement, on doit au moins préparer le collecteur général de façon à pouvoir y brancher d'année en année les collecteurs des diverses pièces, sans qu'il y ait crainte d'engorgement et pour que l'écoulement soit bien assuré.

Nous cherchons, dans cet ouvrage, à initier autant qu'il nous est possible l'agriculteur aux divers travaux de drainage (tracé et exécution) ; mais notre vœu serait de voir le drainage des terres devenir une *spécialité* que prati-queraient des bandes de travailleurs bien *dirigés*, pour-vus de bons *outils* et même de *machines* expéditives, et qui se transporteraient d'un lieu à un autre. — Tout le monde gagnerait à cette *spécialisation*, et le sol lui-même; mais avant que ce vœu ne soit réalisé, et même pour qu'il ne soit pas un rêve, il est indispensable que les cultivateurs pratiques et progressifs connaissent parfaitement tous les travaux.

CHAPITRE II.

Sole sur laquelle le drainage doit être entrepris.

Les principes qui doivent guider dans le choix de la sole la plus convenable pour l'exécution des travaux sont les suivants :

Eviter toute perte de récolte ainsi que tout dérangement dans les préparations habituelles du sol, les façons nécessaires aux récoltes qui doivent suivre l'exécution du drainage.

Choisir une sole telle que l'on puisse trouver, dans une saison de l'année, le temps nécessaire pour l'exécution complète des travaux.

La sole sur laquelle se fait le drainage doit être facilement accessible aux voitures dans les époques propres au transport des tuyaux ou autres matériaux, et dans un état tel qu'elle ne souffre aucun dommage de la part des travailleurs.

Sous ces divers rapports, on peut dire que le drainage

sera entrepris avec le plus d'avantages possibles lorsqu'il se fera sur une sole en pâture ou sur un vieux trèfle, une vieille luzerne, dans leur dernière année, c'est-à-dire au moment où ils doivent être rompus. — En effet, dans une pareille sole, le terrain sera consistant, mais sans être à l'état de mottes dures (s'il est argileux); il sera stable, peu ébouleux, c'est-à-dire que les tranchées pourront être laissées ouvertes, sans danger d'éboulement, pendant tout le temps nécessaire au bon achèvement des travaux et malgré un *temps* défavorable. — Les transports se feront sans détériorer le terrain et sans *surcroît* de fatigue pour les attelages; on aura à sa disposition des gazons propres à certaines précautions destinés à assurer l'efficacité du drainage dans certains cas.

Mais, dans le cas où les travaux ne pourront être faits sur cette sole, soit parce que l'on ne fait pas de prairie, soit parce que l'on a négligé de faire le drainage dans la meilleure période (défrichement des luzernes, trèfles, etc.), ils pourront être entrepris et même menés à bonne fin en automne, après l'enlèvement d'une récolte de grains; ils se feront ordinairement avant le déchaumage, ou plutôt cette dernière opération suivra immédiatement le drainage, afin d'amener le sol actif dans la meilleure condition pour son nettoyage et son mélange avec la terre remuée.

La terre ramenée à la surface sera parfaitement mélangée avec celle qui se trouve depuis longtemps exposée aux agents atmosphériques; elle sera même, à la place des tranchées, plombée et nivelée, s'il est nécessaire, pour mettre le champ dans l'état de perfectionnement convenable, et même un bon labour avec la charrue ordinaire, suivie par la charrue sous sol, sera le complément du drainage fait sur cette sole, qui se prête parfaitement à cette énergique préparation de la couche arable, et assure le maximum d'effet du drainage.

CHAPITRE III.

Saisons propres aux travaux de drainage.

Lorsque la terre n'est ni emblavée, ni chargée de récoltes pendantes par racines, lorsqu'elle est inoccupée, enfin, le drainage peut y être entrepris, avec succès, à *toute saison* de l'année qui convient le mieux au fermier, suivant la main d'œuvre et les attelages disponibles : mais les travaux doivent être poussés avec assez de rapidité pour qu'ils soient terminés dans un délai qui ne porte aucun préjudice aux façons diverses que la terre doit subir dans les intervalles entre une récolte et un ensemencement — Une saison sèche présentera de très-grands avantages, spécialement dans le cas de sols marécageux, ou de terres molles, poreuses, renfermant de nombreuses sources temporaires qui détrempent le sol. — A la fin de l'été, ou au commencement de l'automne, l'ouverture de tranchées de drainage, dans une argile compacte, exigera certainement plus de travail et présentera des difficultés assez notables ; mais, en revanche, toutes les autres parties du travail seront plus aisément et plus convenablement exécutées. — Les *charrois* se feront bien et sans couper les terres par de profondes ornières.

Les éboulements des tranchées seront aussi moins à craindre en été qu'au printemps ou au commencement de l'hiver.

Jusqu'ici, pourtant, le drainage s'est principalement fait en automne et en hiver. — Cette époque présente certainement quelques avantages : — La main d'œuvre est disponible en partie ; la terre, ameublie par les premières pluies d'automne, se coupe bien, et si le *temps*, ce qui arrive assez ordinairement, se soutient au *beau* pendant quelques semaines, on peut parachever le drainage de champs d'une étendue médiocre avant que les grandes pluies et les alternatives de gel et de dégel ne viennent mettre en danger les tranchées fraîchement ouvertes et non encore garnies de leurs tuyaux. — Mais quand une forte averse vient à tomber, les opérations du drainage doivent être suspendues jusqu'à ce que la terre ait repris de nouveau quelque solidité et que le fond des tranchées soit assez peu mouillé, délayé, pour qu'on puisse y placer les tuyaux d'une manière plus satisfaisante, plus *stable* que si la pose était faite pendant que les tranchées reçoivent et écoulent une grande quantité d'eau et de boue, formée par les parties fines de la terre qui se détachent des flancs de la tranchée.

Les dures gelées sont défavorables aussi, car le fond et les côtés de la tranchée sont alors difficilement régularisés, ce qui est nécessaire pour préparer la pose des tuyaux, et dans ce cas on doit ordinairement laisser les tranchées ouvertes jusqu'à ce que la terre soit assez *dégelée* pour qu'on puisse bien nettoyer le fond et avoir de la terre un peu maniable pour recouvrir les tuyaux sur une épaisseur de 15 à 18 centimètres: — ce travail fait, on peut laisser venir sans crainte le dégel en ayant toutefois le soin de le surveiller un peu et de régulariser son action sur le remplissage des tranchées. En hiver, le sol est saturé d'eau et quelques draineurs donnent pour raison du choix de l'hiver, comme saison de drainage, qu'en ce temps on peut mieux juger de la quantité d'eau à extraire et de sa position.

Enfin au printemps (fin mars et commencement d'avril, *germinal*), la main d'œuvre est presque entièrement disponible et l'on peut disposer de trois à quatre semaines pour drainer de petites étendues, — avec les précautions propres à éviter les éboulements et en tenant compte des labours qui peuvent être nécessaires.

Il sera difficile à cette époque de drainer la sole destinée aux plantes sarclées.

Un des avantages de drainer à la fin de l'été et en automne, consiste dans la longueur des journées qui permet de faire beaucoup de travail. Mais, en automne on nuirait à la semaille du froment si l'on drainait le terrain après que les pommes de terre ou les racines ont été extraites. On gâche alors un terrain labouré, fumé, fertilisé enfin pour tout le cours de l'assolement ou au moins d'une bonne partie.

Une objection au drainage des terres enherbées au printemps ou en été, c'est le risque de perdre l'herbe et la nécessité d'interrompre le pâturage, car il faut exclure le bétail du champ ou au moins d'une partie, tandis que le travail est en cours d'exécution; sans cela, les moutons pourraient se blesser en passant les tranchées ou détériorer ces dernières et arrêter le travail. — On peut éviter cette perte en pressant le travail, en engageant un assez grand nombre d'ouvriers, pour que le sol, l'herbe, ne soient enterrés que pendant très-peu de temps; alors aucune partie du gazon ne reçoit plus qu'un léger piétinement qui n'empêche pas, le drainage étant terminé, que l'herbe ne repousse et même ne devienne plus douce et plus abondante que si sa croissance n'avait pas été interrompue. En résumé, le fermier intelligent dont les plans de drainage seront prêts à l'avance, qui saura la position exacte de ses collecteurs, qui aura ses tuyaux en magasin, etc., etc., pourra trouver, au printemps, trois ou quatre semaines, fin d'été, automne et hiver, trois mois de travail plus ou moins continu, pour drainer une notable étendue de champ, suivant que la rotation le permettra. — Si le fermier tient compte de ce que nous avons dit précédemment, il ne sera jamais embarrassé, pour trouver, dans les circonstances où il est placé, *le meilleur moment de l'année* pour entreprendre et achever le drainage; quant à le fixer à l'avance pour tous les cas et toutes les situations, cela n'est pas possible. On peut, pour ainsi dire, exécuter les travaux de drainage en toutes saisons successivement. Une bonne direction et un bon plan permettront d'agir rapidement et aussitôt qu'un temps convenable le permettra. *Tout est rela-*

tif : les *recettes* absolues sont un des fléaux de l'agriculture.

SECTION II.

EXÉCUTION DES TRANCHÉES.

CHAPITRE PREMIER.

Tracé des tranchées.

§ 1. — TRACÉ DES DRAINS DE DESSÉCHEMENT.

Tracé en direction. — D'après ce qui a été dit dans la première partie de cet ouvrage, il est facile de déterminer, sur le plan du champ à drainer, la direction des drains de desséchement, des collecteurs et des drains d'isolement. On indique ces directions sur le sol, soit par des *jalons*, petites baguettes de bois bien droites, soit par une *ligne de trous* faits chacun par trois coups de bêche, en laissant le gazon ou la motte enlevée toujours du même côté du trou, soit enfin par une raie de charrue, ou mieux encore de *rigoleur*. — Un instrument spécial peut même être disposé pour enlever, tout en traçant les deux bords de la tranchée du drain, une première couche de terre d'une épaisseur de 15 à 20 centimètres sur une largeur moyenne de 30 à 40 centimètres. Ce travail ne présente pas de difficulté sérieuse, puisque le terrain, au moment où il devrait être exécuté, n'est pas encore sillonné de tranchées ouvertes qui puissent gêner le passage des animaux.

Après que le tracé a été fait par l'une des méthodes précédentes, et lorsque les ouvriers doivent *ouvrir* la tranchée, le chef de brigade place un cordeau tendu pour limiter exactement la largeur de la tranchée sur un côté, la droite, par exemple, et le long de ce cordeau il fait une coupe, soit au moyen d'une bêche ordinaire de jardinier ou de celle des bêches de drainage dite de surface (fig. 93 et 93 *bis*), soit au moyen d'une hache à pré ou *croissant* (fig. 94), soit enfin avec la roulette à dégazonner (fig. 95). — Avec ce dernier

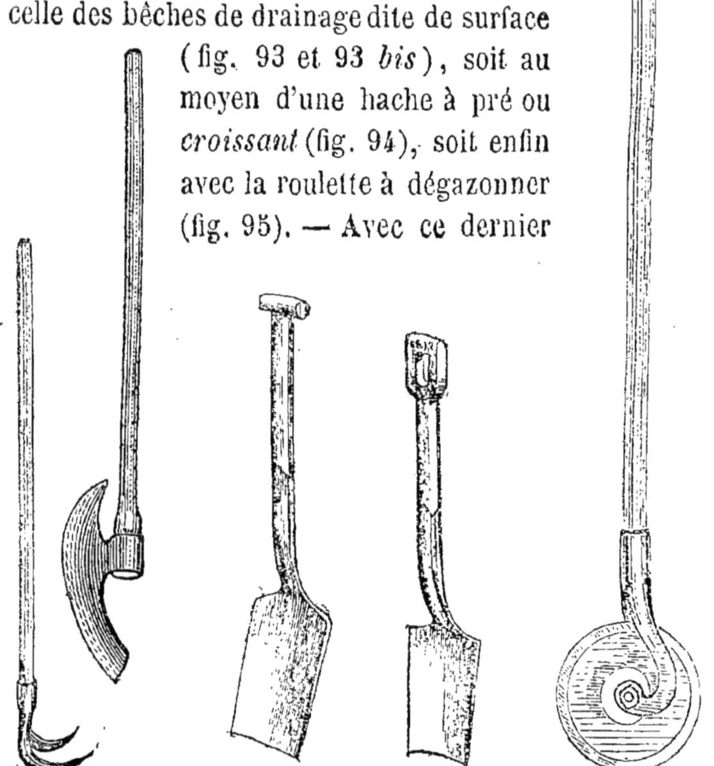

Fig. 96-94. Fig. 93. Fig. 93 *bis*. Fig. 95.

instrument, que l'on pousse en avant, tout en appuyant énergiquement sur le manche, la coupure se fait rapidement et bien, si le terrain n'est pas sensiblement pierreux. Nous l'avons vu employer avantageusement par MM. Campo-Casso et Chauviteau dans les drainages qu'ils ont exécutés en diverses localités. Cet outil a l'inconvénient d'être d'un prix assez élevé, la lame circulaire devant être en tôle d'acier et ne servir absolument que pour ce premier travail de découpage, assez peu important par rapport aux suivants; mais cependant son prix d'acquisition serait remboursé par la rapidité d'exécution qu'il procurerait lorsque la surface serait un peu étendue.

Lorsque le drain est coupé d'un côté et sur toute la longueur du cordeau, on transporte celui-ci parallèlement à lui-même de la largeur d'ouverture du drain (0,40 environ), et on fait une seconde coupure pour limiter le drain à gauche. Ces deux coupures faites, il est possible d'enlever une première tranche de terre à la profondeur convenable sans autre préparation. — Si le terrain est engazonné, cette première tranche est divisée en gazons que l'on retire et met de côté au moyen du crochet (fig. 96).

Tracé en profondeur.—La question qui se présente immédiatement est la détermination de la *profondeur aux différents points,* et, par suite, de la *pente du fond* du drain; cette détermination est très-importante, et, pour la traiter complétement, nous sommes amenés à distinguer plusieurs cas.

1° Lorsque d'une extrémité à l'autre du drain, le relief du sol présente une pente continue et s'écartant peu de la ligne droite, comme l'indique la fig. (97), si la pente du sol est suffisante pour l'écoulement de l'eau dans le tuyau (il suffit pour cela de 3, 4 ou 5 millimètres), le drain doit

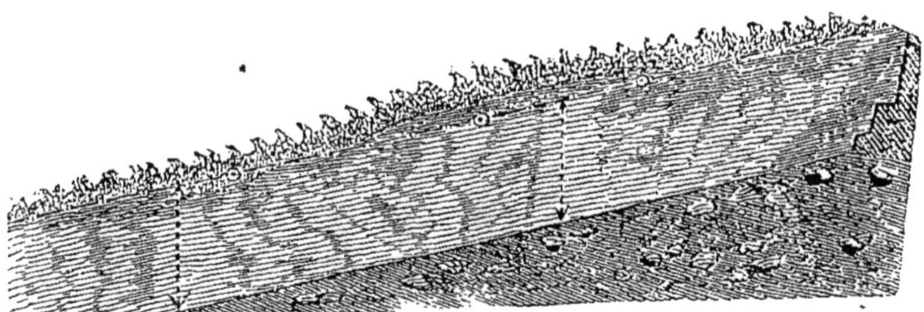

Fig. 97.

être également profond sur toute sa longueur : on doit seulement prendre le soin, après avoir enlevé la première couche, de placer un cordeau de **A** en **B** pour guider dans la régularisation du fond du drain qui doit être rectiligne et parfaitement parallèle au cordeau. — C'est-à-dire que la profondeur égale se prend, non à partir du sol où de petites inégalités peuvent se présenter, mais en dessous du cordeau, ce qui donne au fond du drain une pente continue et régulière.

2º Lorsque, dans la longueur d'un drain de desséchement, la pente par mètre varie et que le sol a pour profil une courbe concave fig. (98), il y aurait inconvénient à

Fig. 98.

donner au fond du drain une pente continue et égale sur

toute sa longueur : en effet, comme le montre la droite B C de la figure, la profondeur du drain devrait être très-forte en B A et très-faible au bas du terrain ou en C ; de sorte que, pour avoir un bon assainissement dans le bas du champ, il faudrait donner une profondeur excessive au drain dans le haut de la pièce ; il en résulterait donc un surcroît de dépense tout à fait inutile : en principe, dans ce cas de profil sensiblement concave qui se rencontre assez souvent, on doit aussi donner au drain une profondeur égale depuis le haut jusqu'au bas ; le fond du drain sera courbe ou plutôt composé d'une série de parties droites de pentes décroissantes, mais il n'y a dans cette variation de la pente par mètre aucun inconvénient pour l'écoulement de l'eau dans les tuyaux ; il est bien entendu que, pour qu'elle soit sensible, la courbure a été exagérée dans la fig. 98.

3° Le profil du sol peut être suivant une courbe convexe, comme l'indique la figure 99. — Dans ce cas, si

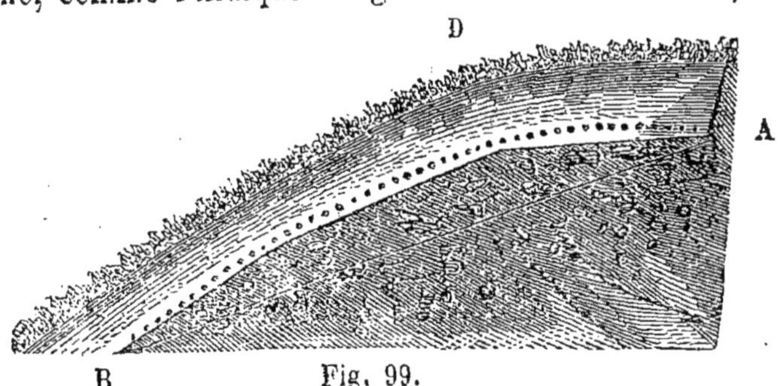

Fig. 99.

l'on veut conserver sur toute la longueur une même pente, il faudrait faire le fond du drain suivant la droite B A ; or, dans ce cas, on voit que la profondeur étant celle nécessaire pour un bon assainissement en B et en A, elle *devrait* être beaucoup plus forte en D, d'où encore un surcroit de dépense tout à fait inutile : il est vrai qu'on peut dire qu'en donnant une égale profondeur de B en A, la pente est variable, et en certains points (en haut) assez faible, puis devient forte vers B, et qu'en redressant suivant B A on a partout une pente moyenne *convenable :* cela est vrai, mais ne compense pas le désavantage d'une profondeur excessive en certains points; on doit, dans ce cas comme dans le précédent, toutes les fois que les courbures sont notables, *diviser* le profil en deux ou plusieurs parties à peu près droites chacune et de pentes différentes ; puis, on traite chacune de ces parties sensiblement droites comme on a fait pour le cas simple de la fig. 97.

En résumé, la profondeur, dans tous les cas, doit être, à très-peu près, partout la même ; mais la pente par mètre du fond du drain ne sera pas égale en tous les points : elle ira en *augmentant ou en diminuant.*

Cette disposition présente-t-elle des inconvénients, comme quelques draineurs le pensent? Non, quelles que soient les hypothèses que l'on fasse sur le mode d'écoulement de l'eau. En effet, si le tuyau coule plein, l'écoulement par l'orifice inférieur se fait en vertu de la *pente totale*, du haut en bas du drain (fig. 100), c'est-à-dire en vertu de la charge d'eau H, sur l'orifice ; par suite, la *vitesse théorique* dans le tuyau est la même, que le drain soit droit ou courbe, si les points extrêmes sont les mêmes ; seulement, il est vrai, l'eau *frotte* contre la paroi intérieure des tuyaux, ce qui diminue un peu la vitesse théorique, et d'autant plus que la longueur totale

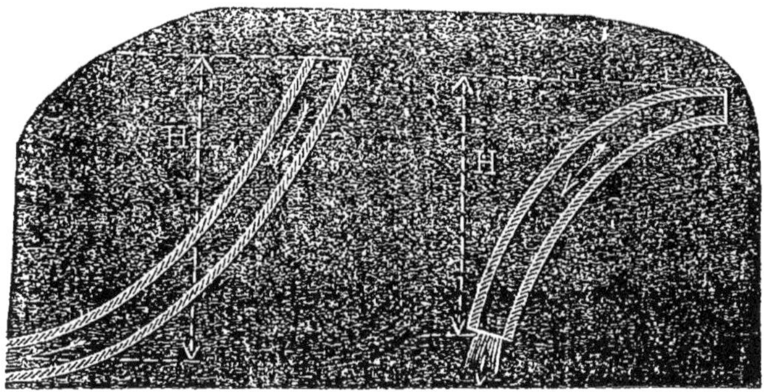

Fig. 100.

est plus grande ; ainsi, le tuyau courbe présenterait réellement plus de résistance, et, par suite, écoulerait moins d'eau, puisque la vitesse *réelle* d'écoulement serait moindre que dans un tuyau droit, pour la même charge ; mais, heureusement, la différence de longueur est si faible, dans un terrain naturel, entre la courbure naturelle du sol, pour la longueur ordinaire des drains, et la droite joignant les points extrêmes, qu'il est tout à fait inutile de s'en préoccuper, tandis qu'au contraire une augmentation de quelques décimètres dans la profondeur en certains points a les plus grands inconvénients.

Si les tuyaux, comme cela arrive presque généralement, écoulent peu d'eau, c'est-à-dire, ne sont qu'incomplètement pleins dans la plus grande partie de leur longueur, il n'y aura dans les deux formes courbes examinées précédemment aucun inconvénient ; en effet (fig. 101), la vitesse ira en augmentant, ou en diminuant, mais cela n'empêchera et ne gênera en rien l'écoulement et ce qui pourra arriver, *en exagérant*, est représenté dans la

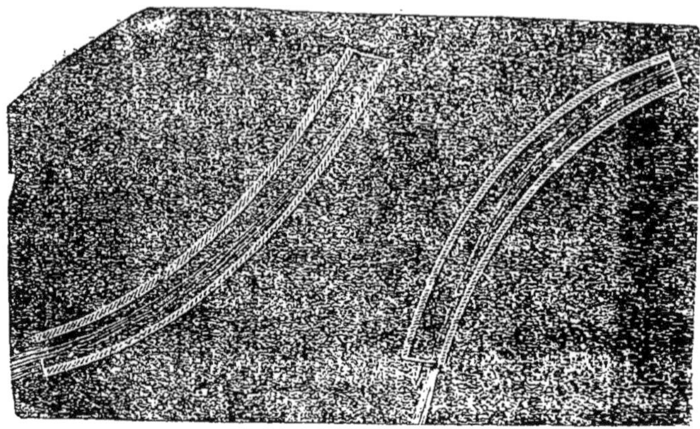

Fig. 101.

figure — Dans le premier cas, courbe convexe, le tuyau est presque plein dans le commencement, mais dans le bas, il l'est moins, car la vitesse y est plus forte ; et même ces différences tendent à s'annuler lorsque l'écoulement se prolonge. Dans le second cas, courbe concave, le tuyau est de plus en plus rempli à partir du haut ; mais il n'en résulte aucun obstacle pour l'écoulement ; la vitesse à la sortie du tuyau coulant à *gueule-bée* est différente de celle du tuyau à la partie supérieure, mais l'équilibre tend à se faire entre ces diverses vitesses et l'écoulement n'en marche pas pour cela plus mal : il se fera tantôt en vertu de la pente du tuyau, tantôt en vertu d'une charge sur l'orifice, mais sans inconvénient.

En revanche, et c'est pour cela que nous avons tant insisté, l'égalité de profondeur sur toute la longueur du drain, c'est-à-dire la méthode de placer les tuyaux suivant une ligne brisée à peu près parallèle au sol, a plusieurs avantages dont l'importance sera facilement appréciée par les hommes pratiques :

1° Si le drain a partout la même profondeur, l'assèchement du sol, supposé de même nature sur toute la surface du champ, se fera *uniformément* en tous les points, c'est-à-dire *également bien* partout ;

2° L'égalité de profondeur donne le *minimum de travail*, toutes choses égales d'ailleurs ; par suite les drains se font alors au *minimum de prix* de revient ;

3° La régularisation du fond, la vérification des tranchées se réduisent à l'*emploi d'un cordeau*, comme nous l'avons dit, et d'une *jauge* ou baguette pour mesurer une profondeur égale, aux différents points, en dessous de ce cordeau ;

4° Le creusement des tranchées peut se faire plus facilement à la *tâche* et nous avons eu l'occasion de nous assurer que, lorsque le chef-draineur cherche à donner une pente continue sur toute la longueur du drain, les ouvriers à tâche *murmurent*, lorsqu'ils ont à exécuter la tranchée sur des profondeurs dépassant notablement la moyenne; ils ne peuvent en effet atteindre des profondeurs de 1m 50, 1m 60, sans élargir la tranchée, ou sont gênés dans leurs mouvements, et, au prix moyen, ils perdent dans ce cas; s'ils peuvent prévoir ces augmentations variables de profondeurs, ils se basent sur les grandes profondeurs pour faire *leur prix* et par suite le prix total est plus élevé sans avantage notable dans l'action du drain ;

5° La série d'outils employée pour faire la tranchée du niveau du sol au fond, est toujours la même lorsque la profondeur varie excessivement peu aux divers points : le mode de travail pour chaque ouvrier d'une brigade est toujours identique et il en résulte une grande habileté d'exécution, et même une précision plus grande, une efficacité plus certaine.

La seule disposition qu'il faut éviter dans le tracé (en profondeur) des drains, c'est de placer les tuyaux en *contrepente* comme cela pourrait arriver dans le cas de la (fig. 102), si le fond de la tranchée suivait, à égalité de

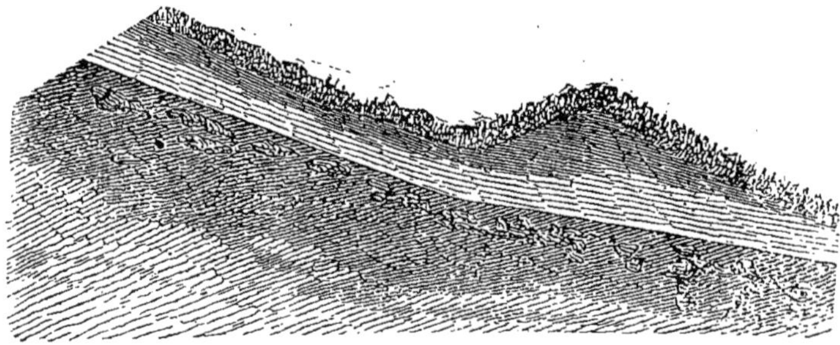

Fig. 102.

profondeur, les sinuosités du sol A B C. — Mais toute personne, ayant nivelé quelque peu, sait que ce profil ne se rencontre qu'exceptionnellement dans un terrain, et ceux de nos lecteurs qui ont compris le tracé des drains seront convaincus que jamais un drain de desséchement n'aura ce profil dans sa longueur si l'on a tracé les horizontales du terrain pour déterminer la direction des drains. comme nous l'avons conseillé, et, avant nous, une autorité en matière de drainage, M. Leclerc, ingénieur du gouvernement belge.

Nous pouvons donc dire en résumé que, toutes les fois que les drains de dessèchement seront *convenablement* tracés, ils devront avoir sur toute leur longueur à peu près la même profondeur, c'est-à-dire, suivre par une série de parties droites, de pentes différentes, les courbes naturelles du sol.

Dans le cas où, sur une certaine longueur, la pente du terrain serait nulle, il faudrait, au contraire, augmenter la profondeur, à partir de l'origine du drain, d'environ 3 centimètres tous les 10 mètres pour donner au tuyau de conduite une pente artificielle de 3 millimètres par mètre; pente suffisante pour assurer l'écoulement.

Si le sol a une pente naturelle, mais moindre que 3 millimètres par mètre, ce qui est assez rare, il faudrait aussi augmenter la profondeur à partir de l'origine du drain pour ajouter à la pente naturelle du sol une pente artificielle suffisante pour que leur somme soit d'environ 3 millimètres.

§ 2. — TRACÉ DES DRAINS D'ISOLEMENT.

Un drain d'isolement doit toujours être tracé parallèle ou très-sensiblement parallèle aux bords mêmes du champ, du côté où les eaux des terrains humides supérieurs peuvent venir : — Par suite, au lieu d'être *de plus grande pente* comme les drains d'assèchement, il peut être dirigé suivant une direction de faible pente, sur la surface naturelle du sol, ou même suivant une *horizontale* du terrain.

Lorsque la pente du sol, le long de la ligne marquant

la direction du drain, est suffisante pour l'écoulement, c'est-à-dire de 3 à 4 millimètres, on peut tracer ce drain en faisant son fond parallèle à la ligne de profil du sol, — mais avec les précautions indiquées à la fin du paragraphe précédent.

Dans le cas où cette pente naturelle est insuffisante, ou même nulle, il faut augmenter continuellement la profondeur du drain d'isolement à partir de l'origine et de manière à avoir dans toute la longueur une pente par mètre suffisante.

§ 3. — TRACÉ DES COLLECTEURS.

Ils peuvent se trouver dans les thalwegs et par conséquent dirigés suivant des lignes de plus grande pente, c'est ce que nous entendons par collecteurs *naturels*; alors ils ont une pente naturelle suffisante et l'on peut les faire également profonds dans toute leur longueur; mais cette égale profondeur doit dépasser de 3 ou 4 centimètres celle des drains de dessèchement qui doivent y verser leurs eaux.

Les collecteurs de reprise tracés transversalement aux drains de dessèchement ont une pente naturelle très-faible : on doit donc augmenter leur angle d'*écharpe* pour les rapprocher des plus grandes pentes autant que possible; — mais parfois, malgré cette précaution, leur pente naturelle sera encore insuffisante et il y aura nécessité de leur donner une pente artificielle en s'éloignant de la règle d'égale profondeur, — et augmenter peu à peu celle-ci pour assurer un bon écoulement.

CHAPITRE II.

Creusement des tranchées.

§ 1. — PRINCIPES, PROFIL DES TRANCHÉES.

En principe, une *tranchée de drainage* doit, pour le moindre travail, avoir un section d'ouverture aussi petite que possible ; c'est-à-dire, présenter au fond et au niveau du sol des largeurs minima. — La détermination de ces moindres largeurs dépend de la nature du terrain, du genre d'outils employés et du mode de travail adopté par les ouvriers.

Une tranchée de drainage étant creusée seulement pour y placer un tuyau, et devant être comblée presque immédiatement après la pose de ce tuyau, les parois, les flancs restent très-peu de temps exposés à l'air et ne se désagrègent ordinairement pas assez pour qu'il y ait chance d'éboulement, à moins qu'un *retard* ou des circonstances particulières de friabilité ou une forte pluie ne viennent aider à la chute. On peut donc donner aux parois de la tranchée des talus raides, c'est-à-dire approchant beaucoup de la verticalité, tandis que, dans les mêmes terrains, des fossés, destinés à rester ouverts indéfiniment, devraient pour résister aux causes d'éboulement, avoir des talus faibles (30 à 45 degrés.)

La largeur au fond de la saignée doit être seulement suffisante pour y poser le tuyau et les manchons, lorsque ces derniers sont employés ; toute largeur superflue suppose un travail de terrassement inutile et, en outre, augmente la difficulté de la pose des conduits. Il est même bon de donner au fond la forme cylindrique du tuyau dont la pose est alors très-facile et présente une grande stabilité (fig. 103).

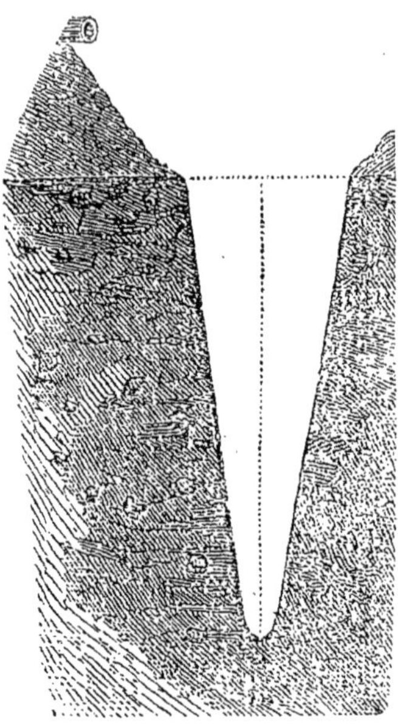

Fig. 103.

Les ouvriers dans le creusement des tranchées ne doivent pas être forcés de descendre jusqu'au fond, car alors la largeur exigée pour la liberté de leurs mouvements devrait être assez considérable.

Tout en satisfaisant à ce principe de déblai minimum, la largeur des tranchées au niveau du sol doit être en rapport avec la nature du terrain, sol et sous-sol. Ainsi l'expérience prouve que dans des terres argileuses, franches ou fortes, les parois de la tranchée peuvent très-bien se soutenir, pendant le temps qui doit s'écouler entre l'ouverture de la tranchée et la pose des tuyaux, avec un talus de 0,155 de base pour 1 mètre de hauteur, c'est-à-que *pour les terrains très-consistants*, en admettant qu'une largeur de 0,08 au fond soit suffisante, on aurait, pour les profondeurs croissantes 0m9, 1m0, 1m1, 1m2, 1m3, 1m4, 1m5, 1m6, 1m7, 1m8; des largeurs au niveau du sol égales à 0,36, 0,39, 0,42, 0,45, 0,48, 0,51, 0,54, 0,57, 0,61, 0,64 ; on voit que pour une profondeur double, la largeur ne doit pas être double, comme cela est indiqué dans quelques ouvrages.

Lorsque le sol présente moins de résistance et que, par suite, les éboulements sont plus à craindre, il faut donner aux talus des tranchées une plus faible inclinaison par rapport à l'horizon, c'est-à-dire, une plus grande largeur pour la même hauteur : ainsi pour les profondeurs de

0m9, 1m0, 1m1, 1m2, 1m3, 1m4, 1m5, 1m6, 1m7, 1m8, en donnant la largeur de 0,8 au fond, l'ouverture au niveau du sol sera 0,48, 0,53, 0,57, 0,62, 0,66, 0,71, 0,75, 0,80, 0,84, 0,90.

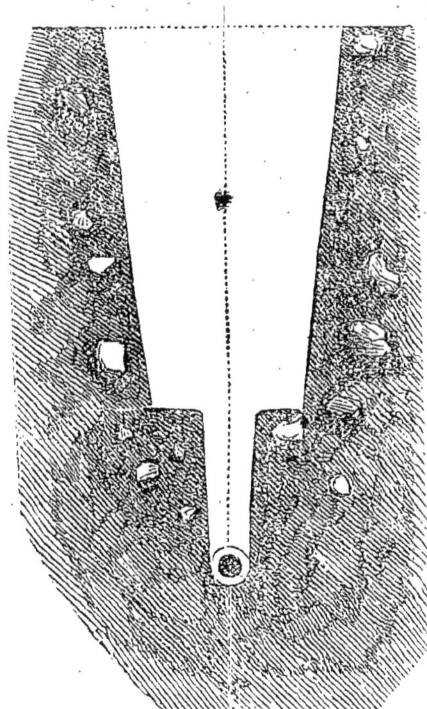

Fig. 104.

Enfin dans le cas de terrain pierreux qu'il est indispensable d'attaquer à la pioche, l'ouvrier doit descendre assez près du fond et, par suite, il faut encore élargir cette tranchée pour la facilité du travail ; on ouvre alors les drains de 10 à 20 centimètres plus larges au niveau du sol que dans les deux cas précédents; quelquefois aussi dans les terrains pierreux on adopte une forme mixte représentée (fig. 104.). La partie supérieure où se trouve le terrain pierreux est large, tandis que l'achèvement de la tranchée se fait par un fer de bêche très-étroit ou une pioche ordinaire et un marteau; ou même en se servant alternativement de ces divers instruments.

§ 2. — OUTILS DESTINÉS A LA FOUILLE DES TERRES ET AU DÉBLAI DES TRANCHÉES.

On comprend que pour ouvrir des tranchées aussi étroites sur des profondeurs considérables, l'ouvrier doit être muni d'outils de terrassement tout à fait spéciaux. — Ces outils varieront de formes et de dimensions suivant le travail qu'ils serviront à effectuer et d'après la nature du sol. — On peut les diviser ainsi :

Instruments propres à trancher la terre et à la diviser en mottes (bêches, fourches);

Outils agissant par chocs pour ameublir la terre (pioches, pics, marteaux);

Instruments servant à déblayer ou à enlever les mottes et la terre meuble (râteau, fourches, pelles, dragues);

Outils servant à *parer*, ou achever les tranchées (curettes);

Enfin, les instruments servant à consolider le sol et parfois à le régulariser (tasseurs).

Nous allons examiner chacun de ces instruments.

Bêches.—La largeur de la tranchée allant en diminuant du sol au fond, il est visible qu'une bêche ordinaire large (fig. 93), ne peut servir à faire tout le travail. — La bonne exécution d'une tranchée exige *un jeu* de bêches de largeurs décroissantes. — Elles doivent être graduées en largeur et en longueur de façon à présenter pour ainsi dire la forme de la tranchée. — En outre, la bêche la plus large ne peut avoir une grande longueur, car le poids de la motte à enlever est limité comme la force de l'homme. Ainsi, soit à ouvrir une tranchée de 1 mètre 20 de profondeur, avec 0,45 de largeur au niveau du sol. On pourrait l'ouvrir en quatre fers, en enlevant deux mottes *au*

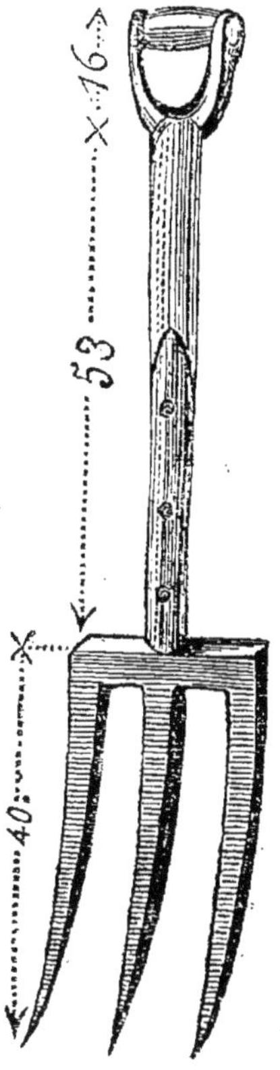

16
53
40

Fig. 105.  Fig. 106.  Fig. 107.  Fig. 108.  Fig. 109.

premier fer avec une bonne bêche ordinaire, dite de surface, ou une des fourches à trois ou cinq dents (fig. 105), dites universelles, parce qu'elles peuvent servir dans les divers sols, une seule motte *au deuxième fer* avec la même bêche ou d'un modèle plus étroit (fig. 107 et 106), une motte encore plus étroite avec une bêche dont la largeur de fer serait de 0,20 en haut et 0,15 en bas seulement (fig. 108, 109 *troisième fer*); enfin le *quatrième fer* serait enlevé avec une bêche n'ayant de largeur que 0,15 à la partie supérieure, et 0,07 à la partie inférieure (fig. 110 et 111).

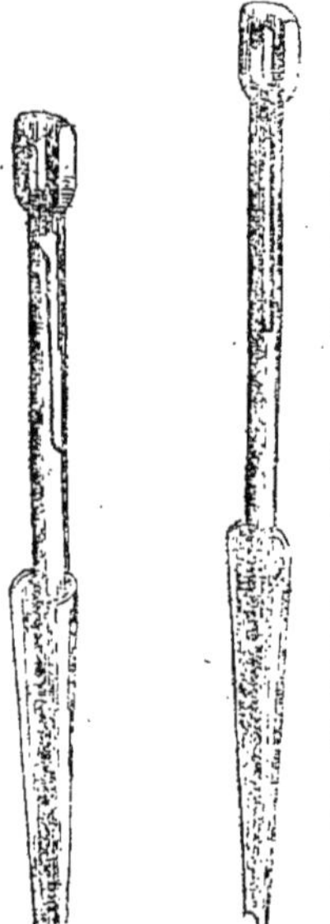

Fig. 110. Fig. 111.

Ce mode de travail exigerait donc *un jeu* de trois bêches. Lorsqu'on veut atteindre une profondeur dépassant notablement 1 mètre 20, ou bien lorsqu'on veut restreindre la largeur de la tranchée, il faut quatre bêches.

On comprend que plus la motte à enlever est située profondément, plus son poids doit être limité, — et par conséquent, si la largeur des trois bêches du jeu diminue successivement, il ne s'ensuit pas que la longueur de fer doit augmenter dans le même rapport, mais, au contraire, assez lentement pour compenser par la diminution du poids des mottes les difficultés de maniement de l'outil au fond d'une tranchée.

Les terrassiers français, peu habitués à ce genre spécial de travail, préfèrent encore souvent les bêches ordinaires ou quelque peu modifiées, dont le fer est à très-peu près plat, et les manches longs sans poignées ou à petites poignées ovoïdes. On peut évidemment faire un jeu de bêches de fers plats et gradués comme nous venons de le dire, mais si l'on examine bien la façon dont l'ouvrier doit enlever et jeter la motte prise profondément, on reconnaîtra, ce que nous croyons pouvoir poser comme principe, que le fer des bêches doit être d'autant plus courbe transversalement qu'il est plus étroit, c'est-à-dire que la bêche de surface peut être presque plate, mais que les suivantes sont de plus en plus creuses, comme l'indique la figure 112, montrant la section courbe de quatre

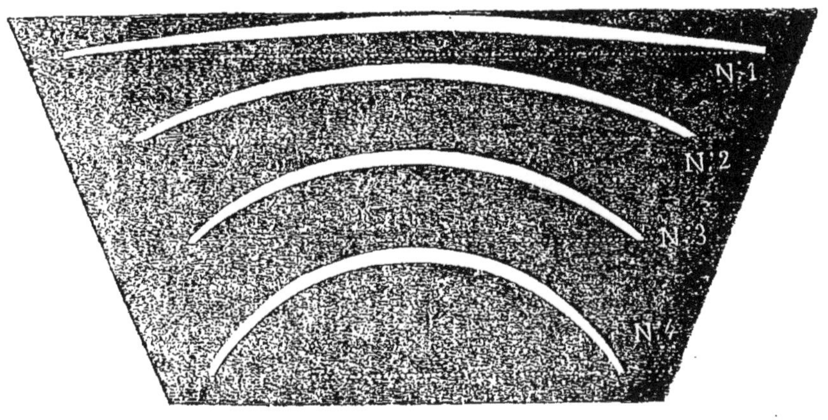

Fig. 112.

bêches *bon modèle* prise au milieu de la hauteur des fers : la figure est à l'échelle de 4 décimètres pour un mètre. — De cette façon, l'intérieur de la bêche est une partie de cône creux qui retient la terre sans que l'ouvrier soit forcé d'élever la bêche horizontalement comme lorsqu'il doit enlever une pelletée de terre meuble ; la terre, du reste, tombe facilement d'elle-même lorsque le fer de la bêche est quelque peu renversé.

Outre cet avantage, les bêches courbes, à égalité d'épaisseur, ont une plus grande résistance, ce qui permet de les faire plus minces que des bêches plates pour la même fatigue.

Les bêches anglaises diffèrent des françaises dans la longueur du manche, dans la forme de la poignée et enfin dans le mode d'emmanchement.

Les bêches françaises emmanchées dans une simple douille de très-peu de longueur, ne peuvent résister aux oscillations continuelles que le draineur doit faire subir à l'instrument pour détacher la motte du fond de la tranchée, en se servant du fer de la bêche comme d'un levier. — Aussi, les bêches anglaises, faites spécialement pour ce travail de fatigue, ont-elles leurs fers prolongés du haut en deux lames demi-cylindriques qui entourent le manche sur une longueur de 25 à 30 centimètres au moins, et reliées ensemble et avec le manche par deux ou trois rivets.

La manière dont on se sert des bêches françaises est trop connue pour la reproduire ici, mais nous croyons devoir indiquer en quelques mots le mode d'emploi d'une bêche anglaise. — L'ouvrier prend la poignée des deux mains et enfonce la bêche en posant un pied sur la partie épaisse et supérieure du fer, ou sur la *pédale*, et s'élève de terre en faisant porter tout son poids sur le fer, et il l'enfonce ainsi en terre sans secousse. (Dans quelques cas, on est porté, pour aller plus rapidement, à frapper du pied, mais c'est une habitude fatiguant promptement.) L'enfoncement dû au poids du corps de l'ouvrier étant obtenu, ce dernier fait osciller d'avant en arrière le manche de la bêche de façon à agrandir l'ouverture, puis il appuie de nouveau le pied sur le fer et se soulève sur ce pied pour faire pénétrer la bêche plus profondément, et il recommence autant de fois que cela est nécessaire, suivant la difficulté du terrain, pour enfoncer entièrement le fer de la bêche; alors si la motte est ainsi séparée de trois côtés (la face d'avant d'une motte est toujours libre), l'ouvrier opère la séparation de la motte du fond même en appuyant sur l'extrémité du manche, de façon à soulever en même temps la motte sur le fer; il laisse alors une main à la poignée et porte l'autre sur le manche aussi près que possible de la lame, et enlève ainsi très-facilement une lourde motte pour la jeter sur le bord de la tranchée. On commence toujours par séparer la motte sur les deux faces latérales, en inclinant la bêche suffisamment pour conserver aux parois de la saignée l'inclinaison convenable pour le soutènement de la terre des talus.

On donne ainsi trois coups par motte pour les premiers fers; — le dernier qui s'enlève par une bêche nº 4, très-creuse, comme l'indique la figure 112, n'exige à la rigueur que deux coups de bêches, car, les deux coupures faites ayant la forme d'un quart de cercle, si l'un des bords latéraux tranchant est placé contre chaque paroi, les deux coupures se rejoignent et la motte enlevée a la forme d'un segment solide compris entre deux surfaces demi-cylindriques.

Pour ménager sa chaussure et éviter l'impression douloureuse et fatiguante du fer sous la plante des pieds, l'ouvrier qui emploie la bêche doit faire usage de la semelle de fer représentée figure 113 : elle est fixée au pied au moyen d'une petite courroie que le dessin représente bouclée.

Fig. 113.

Les bêches sont employables dans tous les terrains exempts de pierres ou du moins n'en contenant que d'assez petites; elles sont surtout convenables pour les terres fortes argileuses qu'on enlève facilement en mottes volumineuses ; mais dans un terrain d'argile pure durcie ou dans un terrain rempli de silex, de meulières, etc., les bêches seraient d'un emploi difficile. — On est alors dans l'obligation d'employer les outils appelés *pics*, ou leurs analogues.

Le *pic à main* (tournée) ordinaire est représenté dans la figure 114. — Une des extrémités du fer est un tranchant d'acier dont la direction est perpendiculaire à celle du manche, et qui sert de pioche pour diviser un terrain trop dur pour être enlevé à la bêche ; l'autre extrémité est terminée en pointe aciérée et sert à faire éclater le terrain éminemment dur, ou à extraire les pierres. — Une autre forme est indiquée dans la figure 115 : — Une des extrémités du fer fait l'office de pioche étroite comme dans le cas précédent, et l'autre, en forme de tranchant émoussé mais aciéré et dans la

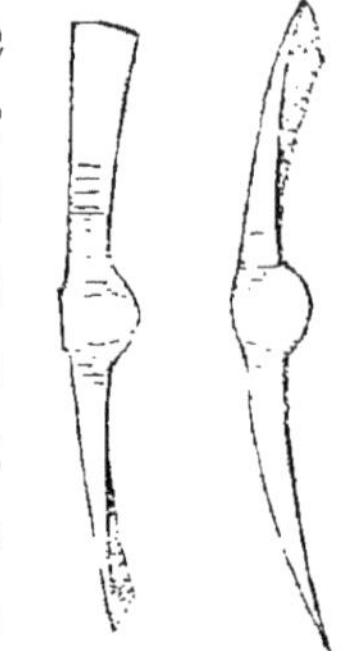

Fig. 115—114.

même direction que le manche, sert comme *marteau* pour briser les pierres trop fortes pour être extraites, et qui gênent, soit dans les flancs, soit au fond même de la tranchée.

Le pic à main présente plusieurs inconvénients : en premier lieu, l'ouvrier qui s'en sert marche sur la terre qu'il vient d'ameublir, de diviser, et par suite la rend plus difficile à extraire pour l'ouvrier déblayeur qui le suit ; en second lieu, l'ouvrier agit par une suite de chocs qui sont excessivement fatigants, et souvent en pure perte si le tranchant ou la pointe portent en plein sur des pierres ; enfin l'ouvrier agit en se courbant, ce qui fatigue outre mesure certains muscles.

Le *pic à pédale*, malheureusement très-peu employé en France, évite tous ces inconvénients. Il est représenté figure 116. — L'ouvrier le soulève et le laisse retomber puis appuie sur la pédale qui peut être placée plus ou moins haut suivant la nécessité. — L'ouvrier agit donc sans choc et en utilisant son propre poids pour faire éclater le sol, ordinairement en très-grosses mottes : l'homme qui se sert du pic à pé-

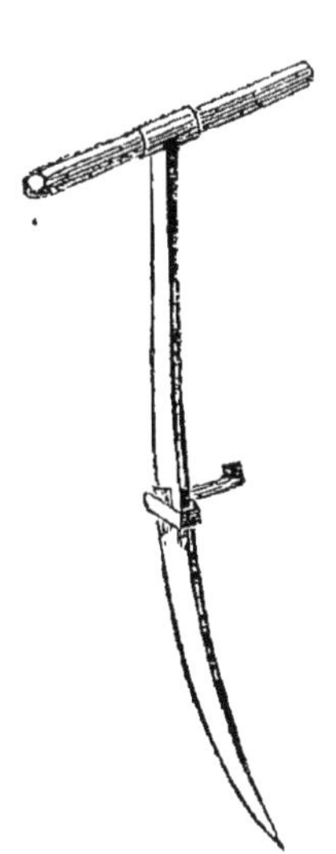

Fig. 116.

Fig. 117.

dale marche à reculons et par suite ne piétine pas le terrain qu'il vient de fouiller.

Pelles. — Les outils dont nous venons de parler, et

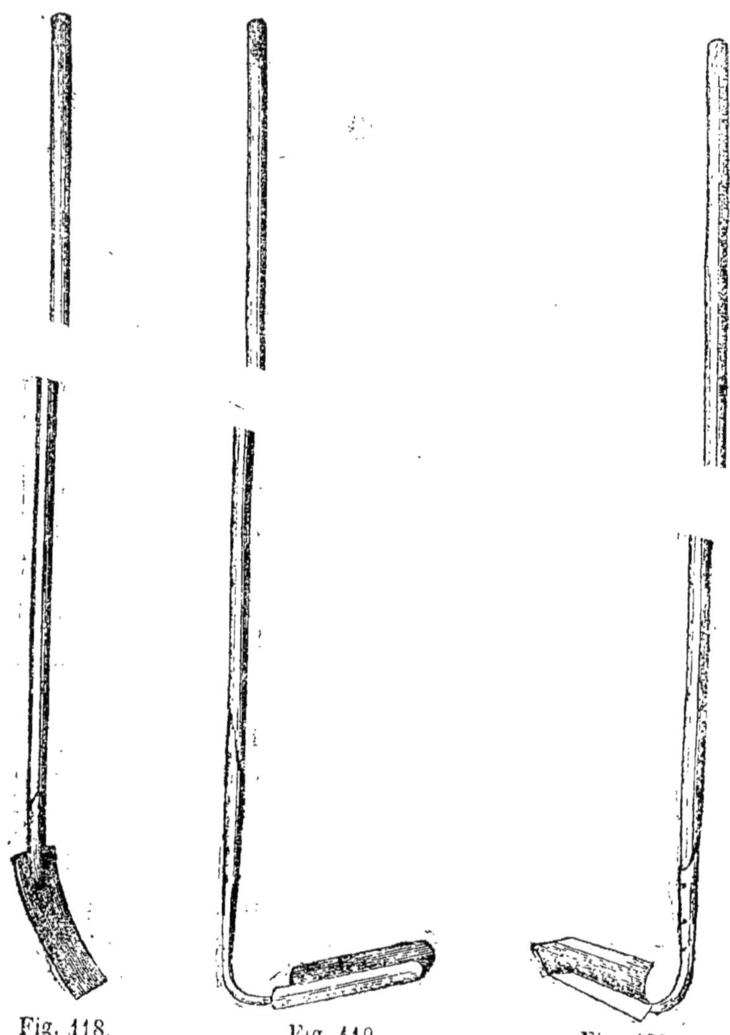

Fig. 118. Fig. 119. Fig. 120.

surtout les derniers, laissant dans la tranchée de la terre

plus ou moins ameublie qui doit être enlevée au moyen d'outils spéciaux appelés pelles. — De même que les bêches, pour servir aux différentes profondeurs, elles doivent avoir des largeurs décroissantes (fig. 117). Une pelle ordinaire pourra servir pour le premier et même pour le deuxième fer de bêche, mais pour les suivants on devra se servir de pelles très-étroites telles que celle indiquée fig. 118. Elles peuvent être droites ou courbes, à rebords ou sans rebords, aiguës à l'extrémité ou terminées par un bord droit, — mais le manche doit faire avec la direction du fer un angle tel qu'on puisse, du haut, manœuvrer facilement la pelle pour enlever les parties meubles qui peuvent rester après la bêche, ou la terre ameublie par l'action des pics. — Les rebords sont nécessaires dans une tranchée où l'abondance de l'eau intérieure réduit la terre en boue; enfin, les pelles dont la partie antérieure du fer est aiguë, pénètrent très-faci- [illegible] les déblais pierreux. Pour charger une [illegible] [illegible]ant, puis l'enlève en por- lement dans [illegible] pelle, l'ouvrier la pousse en avant, [illegible] tant une main à la partie moyenne du manche.

Or, il est facile de voir que pour atteindre le déblai à une grande profondeur, le manche doit être long et par suite le poids à enlever est placé à l'extrémité d'un grand bras de levier; ce qui augmente la difficulté et limite la quantité de terre qu'on peut enlever à chaque coup.

Les dragues (fig. 119 et 120) servent au même usage que les pelles et ont sur celles-ci l'avantage d'atteindre les grandes profondeurs sans l'inconvénient dont nous venons de parler. — La drague s'emplit en portant le fer en avant du corps et en le ramenant vers soi, glissant sur le fond de la tranchée, puis on enlève verticalement la terre et on la jette sur le bord en soulevant la drague suffisamment pour que le déblai tombe de lui-même. — La forme du fer des dragues présente du reste les mêmes variétés que celui des pelles.

Curettes. — La drague devant servir après le dernier fer de bêche doit avoir la forme du fond de la tranchée, et par suite, lorsque les drains sont faits avec des tuyaux, la drague destinée à achever le travail du déblai doit être de forme demi-cylindrique d'un diam[illegible] un peu plus grand que celui du tuyau que l'on y placera. On peut avoir deux curettes de diamètres différents : la plus étroite pour les saignées de drains de dessèchement, et la plus large pour les collecteurs.

Fig. 121. Fig. 122.

Deux modèles sont représentés par les fig. 121 et 122.

§ 3. — Méthodes diverses d'ouverture d'une tranchée de drainage.

L'ouverture d'une tranchée ou d'une partie de tranchée doit être faite en appliquant le principe si important de la division ou spécialisation du travail de sorte que chaque ouvrier, ayant constamment à exécuter la même manœuvre, la fasse mieux et plus rapidement. — En outre, es brigades doivent être disposées de façon que les ouvriers ne puissent se gêner l'un l'autre, ou que l'un d'eux soit forcé d'attendre la fin du travail de son voisin. On doit aussi chercher à donner à l'ouvrier chef de brigade le travail le moins fatiguant, et celui qui exige le plus d'habileté et de soin.

Plusieurs méthodes ont été indiquées ou employées : chacune d'elle peut, dans des circonstances spéciales, être préférée aux autres, et le mode d'entreprise pour l'exécution des travaux peut aussi entraîner à des différences sensibles.

Nous allons examiner les méthodes les plus répandues. La première, indiquée depuis longtemps par Hy. Stephens, suppose une brigade de trois ouvriers et peut se résumer ainsi :

Premier temps : *l'ouvrier chef* tend un cordeau pour limiter la largeur d'ouverture de la tranchée sur 25 mètres de longueur environ et fait une coupure le long de ce cordeau des deux côtés successivement, puis il passe en avant du second ouvrier et enlève la terre meuble que ce

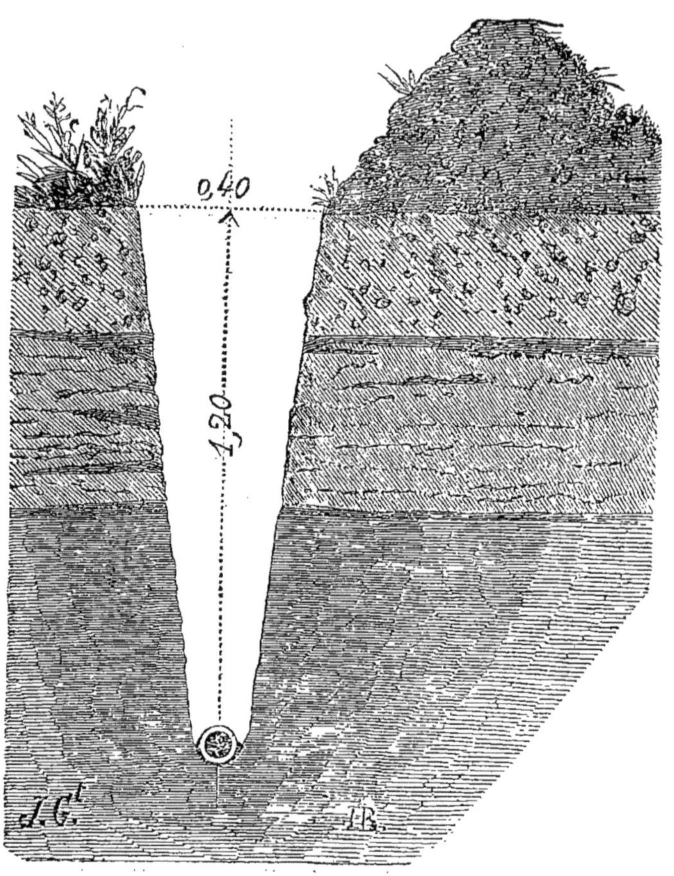

Fig. 123.

dernier laisse après l'enlèvement de mottes détachées. Il en fait autant à l'avant du troisième ouvrier, c'est-à-dire, en résumé, qu'il fait le tracé et sert de déblayeur aux deux autres ouvriers, en régularisant les flancs de la tranchée ouverte.

Le deuxième ouvrier enlève avec la bêche de surface le premier fer sur une épaisseur de 25 à 30 centimètres, et jette les mottes sur le bord gauche de la tranchée. Quelques draineurs conseillent de mettre du côté gauche la couche végétale, ce qui évite l'inconvénient d'avoir, après le remplissage de la tranchée, un sol inerte; d'autres regardent cette précaution comme inutile et jettent toute la terre d'un côté (fig. 123).

Le troisième ouvrier entame un deuxième fer, soit avec le pic, soit avec la bêche, si cela est possible. Lorsqu'il est forcé d'employer le pic, le second ouvrier lui sert de déblayeur, mais dans le second temps.

Deuxième temps : le chef ouvrier déblaie en avant des deux autres ouvriers successivement ; il cure le fond et le régularise.

Le second ouvrier enlève un troisième fer avec la bêche et le jette sur le sol.

Le troisième ouvrier, enfin, attaque le dernier fer.

Nous croyons que, pour bien définir cette méthode, il faut distinguer deux cas: un terrain (sol et sous-sol) attaquable par la bêche, et un terrain pierreux ou trop dur pour être fouillé comme le précédent.

Voici, selon nous, le tableau des opérations dans les deux cas opposés :

1er CAS. — Terrain argileux.

- **1er TEMPS.**
  - 1er *ouvrier* : Trace au cordeau, découpe, déblaie et régularise après les deux autres ouvriers.
  - 2e *ouvrier* : Enlève le premier fer et le jette sur le sol, avec une bêche de surface.
  - 3e *ouvrier* : Bêche le dessus du sous-sol (deuxième fer) et le jette (bêche n° 2 ou 3).
- **2e TEMPS.**
  - 1er *ouvrier* : Déblaie et régularise après les deux autres ouvriers, et achève le fond de la tranchée avec une curette.
  - 2e *ouvrier* : Coupe le 3e fer et le jette (bêche n° 3).
  - 3e *ouvrier* : Coupe et jette le 4e fer (bêche n° 4).

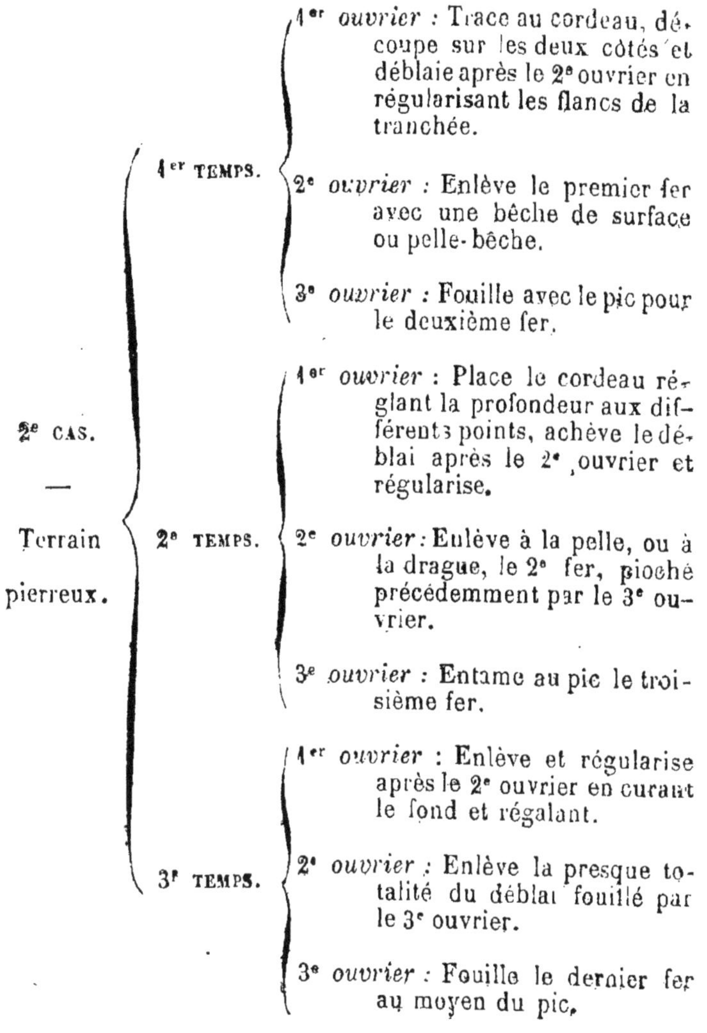

2e CAS. — Terrain pierreux.

- **1er TEMPS.**
  - 1er *ouvrier* : Trace au cordeau, découpe sur les deux côtés et déblaie après le 2e ouvrier en régularisant les flancs de la tranchée.
  - 2e *ouvrier* : Enlève le premier fer avec une bêche de surface ou pelle-bêche.
  - 3e *ouvrier* : Fouille avec le pic pour le deuxième fer.
- **2e TEMPS.**
  - 1er *ouvrier* : Place le cordeau réglant la profondeur aux différents points, achève le déblai après le 2e ouvrier et régularise.
  - 2e *ouvrier* : Enlève à la pelle, ou à la drague, le 2e fer, pioché précédemment par le 3e ouvrier.
  - 3e *ouvrier* : Entame au pic le troisième fer.
- **3e TEMPS.**
  - 1er *ouvrier* : Enlève et régularise après le 2e ouvrier en curant le fond et régalant.
  - 2e *ouvrier* : Enlève la presque totalité du déblai fouillé par le 3e ouvrier.
  - 3e *ouvrier* : Fouille le dernier fer au moyen du pic.

Une autre méthode d'ouverture de tranchée par une brigade de trois ouvriers est ainsi indiquée par M. Barral: « Le premier ouvrier ou chef de brigage trace la tranchée et enlève la couche de terre végétale, le second donne les deux coups de bêche suivants ; le troisième termine l'approfondissement de la tranchée et en régale avec soin le fond et les faces latérales.

« Si l'on est obligé d'employer la pioche, le second ouvrier fouille avec cet instrument ; tandis que le troisième déblaye les terres avec une pelle.... ordinaire.... tant que la profondeur ne dépasse pas 33 centimètres ; quand on est arrivé plus bas, on emploie pour cet objet des pelles... plus étroites.... Dans ce cas, le troisième achève aussi le regalage du fond et des parois latérales. »

Le tableau suivant résume les indications du premier cas :

1er CAS. — Terrain argileux homogène.	1er *ouvrier :* Trace, découpe et enlève un premier fer avec la bêche de surface.
	2e *ouvrier* : Enlève deux fers successifs (bêche n° 3).
	3e *ouvrier* : Enlève le quatrième fer et régale le fond de la tranchée (bêche n° 4 et curette).

Et nous pensons qu'il est possible de partager comme suit le travail pour les trois ouvriers en terrain pierreux :

Terrain pierreux.	1er TEMPS.	1er *ouvrier :* Trace, découpe et enlève le premier fer.
		2e *ouvrier :* Fouille le deuxième fer.
		3e *ouvrier :* Déblaie devant le deuxième ouvrier.

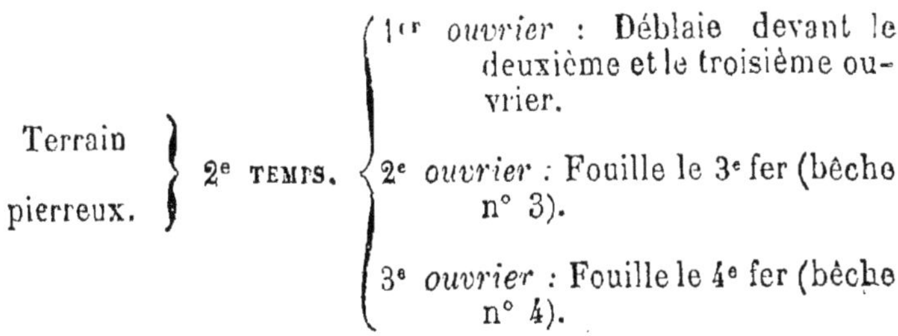

Terrain pierreux. } 2e TEMPS. {
1er *ouvrier* : Déblaie devant le deuxième et le troisième ouvrier.
2e *ouvrier* : Fouille le 3e fer (bêche n° 3).
3e *ouvrier* : Fouille le 4e fer (bêche n° 4).

Un mode d'ouverture très-bien entendu, par une brigade de cinq ouvriers, est recommandé par M. Leclerc, et nous ne pouvons mieux faire que de transcrire ici ses instructions :

« Le chef de brigade enlève la terre végétale sur une épaisseur d'environ 0m,30 en travaillant à reculons et en tenant la bêche des deux mains par la poignée supérieure, et non comme les terrassiers français ou belges en ont souvent l'habitude, en posant une main sur la poignée et l'autre sur le manche ; il enfonce complétement la bêche dans la terre en appuyant ou en frappant du pied sur l'arête supérieure du fer, il incline ensuite le manche vers lui en imprimant quelques légères secousses qui détachent la terre ; il enlève celle-ci en saisissant d'une main la bêche par le bas du manche, tandis que l'autre main reste à la poignée, et il la dépose sur le côté de la rigole qui a reçu ou qui doit recevoir plus tard les matériaux nécessaires à la construction du conduit. Chaque tranche que l'ouvrier emporte de la sorte peut avoir 0m,25 à 0m,28 de largeur. Lorsqu'il a déblayé le drain sur une petite longueur : un autre ouvrier suit, travaillant la face vers le premier, et enlevant avec la pelle la terre ameublie qui reste toujours au fond de la tranchée après chaque creusement à la bêche.

« Un troisième ouvrier fait une seconde levée. Il marche à reculons et se sert d'une bêche plus étroite. Il est obligé de pratiquer d'abord une incision sur les côtés latéraux du fossé ; ce qu'il fait de manière à donner aux talus une légère inclinaison. — La nouvelle levée a, comme la première, environ 0m,30 de profondeur ; quand elle est faite sur une petite étendue, le second ouvrier vient en nettoyer le fond avec sa pelle et arranger proprement les talus, afin qu'il s'en détache plus tard le moins de terre possible.

« La troisième levée de terre (faite par un quatrième ouvrier) est extraite à l'aide d'une bêche plus étroite et plus longue que la précédente. L'ouvrier la manie comme nous l'avons dit déjà, et c'est surtout à mesure qu'il enlève des tranches situées de plus en plus profondément qu'il doit avoir soin de travailler dans une position droite, et de ne se baisser pour prendre son outil par le manche que quand il veut soulever et jeter hors du drain la terre qu'il a détachée. Il reste de nouveau au fond du fossé une certaine quantité de terre que la bêche n'a pas enlevée, et qu'il faut extraire avant de poursuivre le travail. Cette besogne est faite, dans ce cas, par l'ouvrier même qui bêche la terre, après qu'il a reculé de deux ou trois mètres.

« Il emploie à cet effet soit une pelle étroite, soit une drague carrée à long manche dont il se sert sans bouger de place. Ces deux instrumens ont une largeur à peu près égale à celle du fossé qui, à cette profondeur, ne mesure plus que 0,18 à 0,20. — En coupant la terre sur les côtés, l'ouvrier a encore soin de donner à sa bêche une légère inclinaison, de manière à continuer le talus commencé par l'ouvrier précédent. La profondeur de la troisième levée est en général de 0m, 32 à 0m, 35.

« Le déblai est achevé à l'aide d'une bêche creuse et très-longue, qui permet à un cinquième d'atteindre avec facilité la profondeur voulue. On fait encore avec cette bêche deux incisions latérales avant que d'enlever la terre; on règle l'inclinaison du manche de manière à n'avoir au fond qu'une largeur à peu près égale à celle des tuyaux qui doivent former le conduit du drain. Quand le dernier terrassier a mis la tranchée à fond sur une longueur de 2 à 3 mètres, il la nettoie lui-même sans changer de place, au moyen d'une drague cylindrique de largeur variable, qui sert à la fois à enlever la terre ameublie et à donner au fond du drain une forme cylindrique d'une largeur égale au diamètre extérieur des tuyaux ou des manchons. »

Dans cette méthode, le second ouvrier nous semble avoir un travail très-facile et beaucoup plus faible que celui du quatrième et du cinquième. — Il nous semble qu'en terrain argileux homogène, la brigade de cinq hommes pourrait être dirigée ainsi : 4 ouvriers feraient chacun un fer de bêche sans régulariser ou déblayer à fond, et le chef ouvrier, après avoir simplement tracé au cordeau, passerait devant chacun des quatre ouvriers successivement en déblayant et régularisant suivant le besoin. Dans un terrain pierreux, il faudrait au moins deux déblayeurs.

Du reste, chaque nature de terrain peut exiger une modification plus ou moins importante aux méthodes indiquées précédemment, et par suite il sera nécessaire de faire quelques essais préliminaires pour s'assurer de celle qui présente le plus d'avantages pour le cas particulier dans lequel on se trouve.

Les bêches des derniers numéros, c'est-à-dire celles qui doivent pénétrer profondement, sont souvent munies

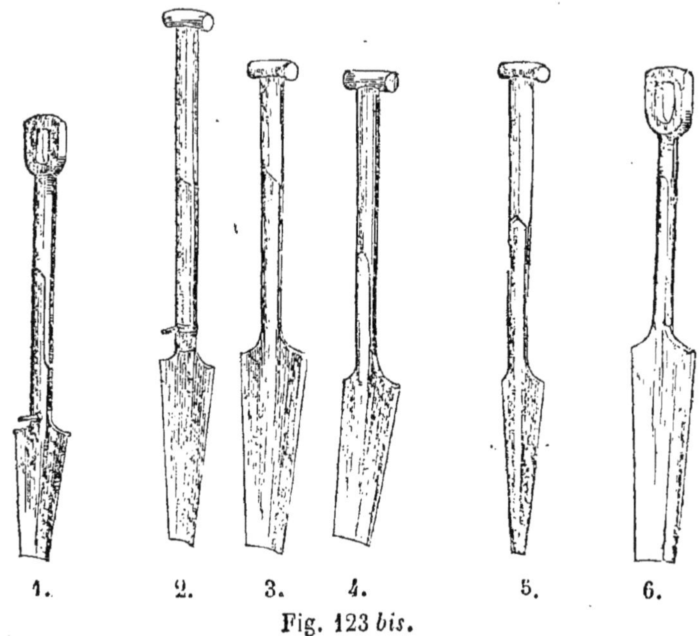

Fig. 123 *bis*.

d'une pédale qui facilite beaucoup le travail de l'ouvrier en le dispensant de se baisser et lui permettant de se servir de la même bêche à diverses profondeurs si, bien entendu, la pédale peut glisser le long du manche et se fixer, au moyen d'un coin, plus ou moins haut : la figure 123 *bis* représente des bêches à pédales nos 1 et 2 et des bêches ordinaires de drainage nos 3, 4, 5, et 6.

§ 4. DE L'ORDRE A SUIVRE DANS L'OUVERTURE DES DIVERSES TRANCHÉES D'UNE PIÈCE A DRAINER.

Dans les terrains où le drainage est très-nécessaire, et surtout lorsque cette opération est faite à la fin de l'automne, ou en hiver, l'eau suinte des flancs de la tranchée ouverte et s'amasse sur le fond, lorsque la fouille atteint une certaine profondeur (0^m, 7 à 0^m, 8 par exemple) : si donc on ne ménageait pas à cette eau un écoulement naturel et facile, pendant le travail de l'ouverture des tranchées, il s'en suivrait une grande difficulté d'exécution; la terre serait délayée et adhérerait aux outils; les éboulements seraient plus faciles, etc., etc. On doit donc commencer le travail par l'ouverture des tranchées occupant la partie la plus basse du terrain et devant, par cela même, recevoir l'égouttement des autres tranchées; l'opération doit être faite en remontant, c'est-à-dire que le premier drain à creuser est le *collecteur général* et qu'on l'ouvrira en commençant par son extrémité inférieure, ce qu'on appelle la bouche, point ou toute l'eau provenant du drainage doit être versée dans un récepteur, fossé de route, ruisseau, rivière, fleuve, étang, etc., etc.

Ce premier drain ouvert, on peut commencer les collecteurs sous-principaux à partir de leur extrémité inférieure débouchant sur le collecteur général, et, enfin, tracer les petits drains dits de desséchement. L'eau qui filtre ne peut tendre à s'amasser, car elle s'écoule au fur à mesure en vertu de la pente que l'on donne au fond des tranchées; des drains de dessèchement, elle passe dans les collecteurs spéciaux, et de là dans le collecteur prin-

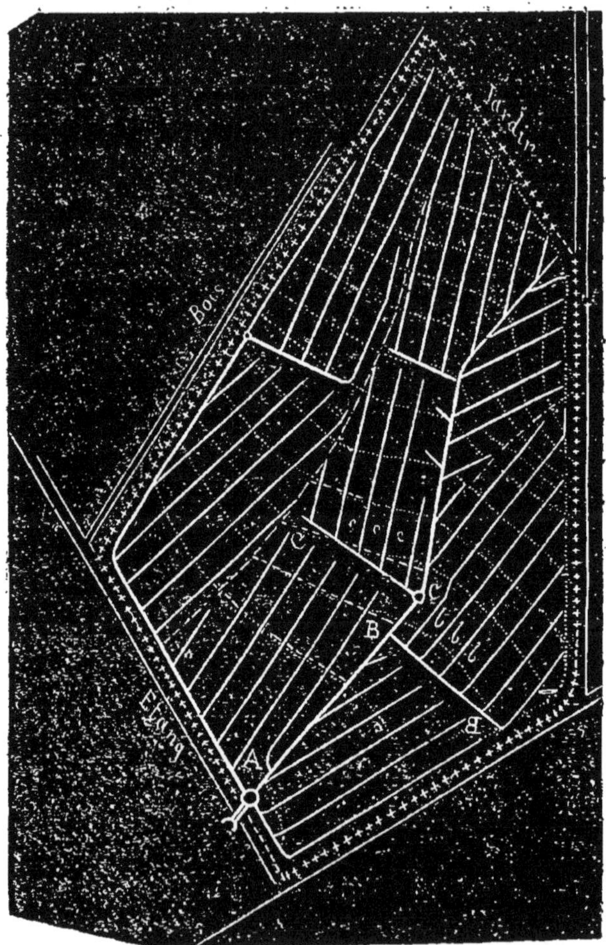

Fig. 124.

cipal. Tel est le principe; ainsi l'on comprendra facilement que, pour un terrain étendu, on aura, par exemple, un collecteur général A (fig. 124) dans lequel viendront déboucher des collecteurs naturels ou de reprise B, C, D, etc., et des systèmes parallèles de petits drains *b*, *b*, *b*,... *c*, *c*, *c*...., *d*, *d*, *d*, etc... versant leurs eaux respectivement dans les collecteurs B, C, D, etc. Donc, pour ouvrir les tranchées dans les meilleures conditions, pour éviter les éboulements ou le dérangement des tuyaux posés, pour déranger aussi peu que possible les travaux futurs de cultivation, on devra procéder comme nous allons l'indiquer.

On ouvrira le collecteur général A, à partir de son point le plus bas, jusqu'à l'origine du premier collecteur B, et l'on creusera ensuite ce dernier dans toute sa longueur en le laissant ouvert ; on attaquera alors le premier des drains de desséchement débouchant dans le collecteur B, et l'on pourra, aussitôt qu'on le voudra, placer les tuyaux dans ce petit drain et même le remblayer ; on ouvrira ensuite le deuxième drain de desséchement, puis le troisième et ainsi de suite. On posera les tuyaux et l'on remplira immédiatement, si l'on peut le faire, et surtout si le terrain se présente dans un état qui fasse craindre des éboulements. Lorsque tous les drains de desséchement, débouchant dans le collecteur B, auront été *creusés*, *tuyautés* et *remplis*, on pourra poser les tuyaux de ce collecteur et le remblayer ; mais, bien entendu, la première partie AB du collecteur général doit rester ouverte. Cela fait, on continuera d'ouvrir le collecteur général, depuis B jusqu'au point où le deuxième collecteur C jette ses eaux, et on agira, pour le deuxième système de petits drains *c*, *c*, *c*, etc., comme on a fait pour le premier système, *b*, *b*, *b*, etc. Il résulte de cet exposé que les seules tranchées sujettes à rester ouvertes, pendant un temps assez long, sont celles des collecteurs et, surtout, du collecteur général. Pour parer aux éboulements dans ces derniers drains, on doit donner à leurs parois des talus plus doux que ceux des tranchées de petits drains. Ainsi les collecteurs auront 0m. 60 de largeur à l'ouverture, et le collecteur général 1 mètre, car il doit servir de *canal découvert*, de *fossé* d'égouttement jusqu'à ce que tous les autres drains collecteurs ou de dessèchement soient ouverts, tuyautés et en partie remblayés.

Cette manière de procéder est loin d'être généralement adoptée, mais elle nous semble la plus certaine, surtout lorsque le terrain à drainer est très-humide ou que la saison de l'exécution est pluvieuse. Elle peut en certains cas subir quelques légères modifications, mais on ne doit s'en écarter que le moins possible. Si le plan du tracé a été bien préparé, il n'y a aucune chance d'erreur dans les pentes ou les profondeurs. Ce plan est absolument nécessaire pour bien coordonner l'exécution ; on doit aussi, avant l'ouverture, faire le transport des matériaux, tuyaux, pierres, etc., et les distribuer de distance en distance suivant les besoins probables et de façon à diminuer leur transport définitif. Nous verrons, par la suite, comment se posent les tuyaux ; nous indiquerons seulement ici qu'on commence ordinairement à les placer au point le plus haut, pour chaque drain, et que l'on continue en descendant le drain jusqu'au collecteur. On évite ainsi l'engorgement par la boue, et on peut facilement, s'il y a de l'eau dans les tranchées, ce qui se présente très-souvent, s'assurer que la pose se fait dans de bonnes conditions pour l'avenir.

Si le terrain est excessivement compacte, on laisse ouvertes les tranchées, après la pose des tuyaux, que l'on recouvre de quinze ou vingt centimètres de terre, pour permettre le dessèchement des parois et des parties avoisinantes; cette dessiccation se traduit dans les sous-sols argileux, en nombreuses fissures qui, après le remplissage total des tranchées, facilite beaucoup le fonctionnement des tuyaux et l'assèchement général. Si l'on opère dans un terrain tourbeux, une glaise onctueuse, détrempée, on peut même être dans l'obligation d'ouvrir au tiers ou à moitié seulement les tranchées et de les laisser ainsi un temps suffisamment long, pour que le terrain s'assainisse et présente assez de consistance pour la reprise facile et moins dangereuse des fouilles.

CHAPITRE III.

Régularisation et vérification des tranchées.

§ 1. — Vérification de la pente.

Lorsque les ouvriers terrassiers sont habitués aux travaux de drainage, la régularisation présente peu de difficultés et la vérification se fait facilement ; mais ces deux opérations peuvent être laborieuses faute d'une bonne direction, ou par l'emploi forcé d'ouvriers novices dans l'ouverture des tranchées. — Nous devons donc, au risque de paraître prolixe, donner des détails suffisants pour guider le maître draineur.

Nous supposons les drains tracés en direction sur le sol au moyen de petits jalons, d'une raie de charrue, etc., les ouvriers distribués par groupes sur chacune des tranchées en cours d'exécution, et nous distinguons deux cas : les ouvriers sont à la tâche ou à la journée.

Lorsque les ouvriers creusent la tranchée à *tant* du mètre courant, un chef draineur, *payé à la journée*, doit fixer la profondeur (page 153-161) en plaçant un piquet tous les 25 mètres d'un côté de la tranchée : 1° Si le fond de cette dernière doit être *parallèle* à la ligne du terrain (fig. 97, page 154), les deux piquets extrêmes sont placés à la même hauteur au dessus du sol 0^{m} 20 par exemple, puis au moyen de 3 nivelettes ayant la forme indiquée par la fig. 125, on place, dans l'intervalle, des piquets distants de 25 mètres et toutes les têtes de ces piquets doivent être sur une même droite (fig. 126). Pour faire cette opération, le chef draineur place au point inférieur A du drain, sur le piquet, une nivelette qu'un enfant est chargé de tenir pendant tout le cours de l'opération, un second gamin tient une autre nivelette et se place tous les 25 mètres à partir du point le plus bas du drain : au moyen d'un maillet ou d'un marteau, il enfonce plus ou moins un piquet, sur lequel il tient la nivelette, d'après les indications du chef draineur qui,

Fig. 125.

placé à l'autre extrémité du drain, en B, vise, c'est-à-dire fait passer un rayon visuel sur la 1re et la 3e nivelette (fig. 126) et indique au gamin chargé de la nivelette in-

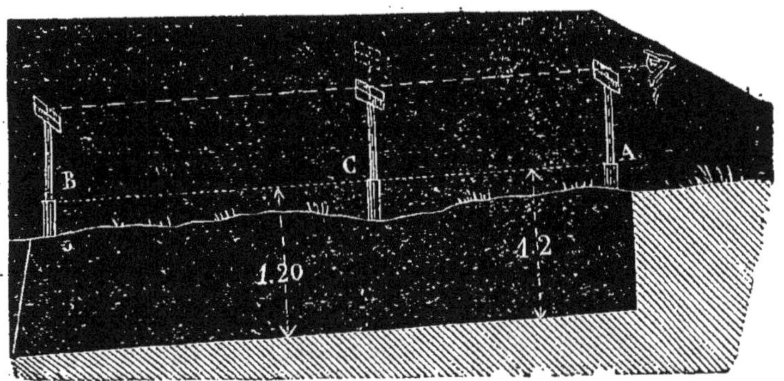

Fig. 126.

termédiaire qu'il doit enfoncer le piquet, tant que le *dessus* de 2e nivelette n'est pas exactement dans l'alignement des deux extrêmes.

Ces piquets ainsi placés, on tend un cordeau entre les deux premiers, et le chef draineur fixe la profondeur constante que l'ouvrier devra mesurer en dessous de ce cordeau ; elle est égale à la profondeur du collecteur, au point où le drain entamé y débouche, augmentée de la saillie hors terre du 1er piquet, c'est-à-dire de 0,20 dans la supposition faite ci-dessus.

Ainsi la vérification de la profondeur, et par suite de la pente, se borne au mesurage d'une hauteur en dessous d'un cordeau ; les bêcheurs, au moyen d'une baguette de la longueur fixée, ou d'un double mètre, peuvent ainsi cesser leur travail lorsqu'ils ont atteint la profondeur nécessaire ou plutôt un peu avant. — La terre qui reste est extraite au moyen d'une des curettes à section demi-cylindriques (fig. 121 et 122) qui achève ainsi la tranchée en donnant au fond une forme courbe dans laquelle le tuyau est stablement placé.

Si le fond du drain a une pente plus forte que celle du sol, c'est-à-dire si la profondeur doit aller en augmentant, le piquet, placé à l'extrémité supérieure du drain, doit dépasser le sol de la quantité ordinaire, 0m 20, augmentée du surcroît total de profondeur à donner comme l'indique la fig. 127. — Le placement des piquets intermédiaires se fait du reste absolument de la même manière que dans le cas précédent ; il ne faut jamais oublier que c'est la profondeur, au point où débouche le drain dans le collecteur, qui sert de point de départ.

Fig. 127.

Pour éviter de placer le cordeau, on a conseillé l'emploi d'une nivelette intermédiaire ayant une hauteur excédant de toute la profondeur du drain, celle des deux autres nivelettes ; mais il est visible qu'il faudrait 3 hommes pour vérifier ainsi la profondeur ; on perdrait par conséquent plus de temps que par la méthode précédente, et, de plus, il faudrait une nivelette particulière pour chaque cas.

Au lieu de placer verticalement les piquets sur le sol, on peut après l'enlèvement du premier fer de bèche placer, dans la tranchée même, sur un des flancs, des piquets horizontaux, ou taquets, en procédant de la même manière que pour les piquets verticaux. — Par ce procédé, employé par MM. Campocasso et Chauviteau, on peut éviter l'emploi d'un gamin en tenant fixe la première nivelette verticalement, au moyen d'un crochet enfoncé horizontalement en terre, comme l'indique la fig. 128.

Fig. 128.

Enfin, la vérification de la pente peut se faire au moyen d'un *niveau de pente*. On calcule, d'après la pente du terrain, quelle sera aux différents points du drain la pente par mètre, et l'on règle le niveau de manière à indiquer cette pente de sorte qu'en le promenant dans la tranchée, on vérifie ainsi le fond.

Les niveaux de pente sont ordinairement des niveaux à bulle ou à perpendicule : le seul dont nous croyons devoir conseiller l'usage serait un niveau du genre des niveaux de prairie employés par quelques irrigateurs praticiens.

La figure 56 indique le principe de cet instrument : une règle de 3 ou 4 mètres de longueur est portée par 2 pieds, A et B, dont le dernier a son extrémité mobile, de façon qu'on puisse l'allonger plus ou moins ; — lorsque les 2 pieds sont de hauteurs égales, le niveau placé sur la règle aura sa bulle au milieu du tube, quand ses pieds seront placés sur un plan horizontal; si la règle ayant 2 mètres de long, on allonge le pied B de 2 millimètres, la règle ne sera horizontale que lorsque le pied B sera placé plus bas que le pied A de 2 millimètres ou de tout l'allongement donné au pied B — Donc, si par tâtonnement on cherche un terrain tel qu'en y posant le niveau, la bulle soit au milieu du tube du niveau, on en conclut que le terrain a pour pente 2 millimètres par 2 mètres de long, ou un millimètre par mètre. — Si l'on allonge le pied B de 4 millimètres, le niveau indiquera une pente de 2 millimètres et ainsi de suite. — On peut donc, par cet instrument, déterminer la pente en différents points d'un terrain ou creuser plus ou moins le fond d'une tranchée jusqu'à ce qu'il présente une pente déterminée. Le niveau de prairie, fait suivant ce principe, a des pieds de 20 ou 30 centimètres de hauteur seulement, mais pour servir au fond d'une tranchée de drainage, dans laquelle on ne peut entrer, il faut que les pieds aient au moins un mètre de hauteur. L'écartement des pieds doit être de 2 mètres. Le niveau à perpendicule, fig. 48, peut aussi servir de niveau de pente. Pour cela, on le retourne, et le fil à plomb est attaché en *m* au lieu de l'être en O. Sur la barre BO, des traits indiquent la position que le fil doit occuper lorsque la pente est de 1, 2, 3, 4 millimètres. Cette graduation se ferait matériellement en plaçant le niveau retourné sous une des extrémités B, 1, 2 ou 3 lames épaisses de 2 millimètres, laissant reposer le fil et traçant un trait lorsque ce repos est obtenu.

D'autres niveaux de pente ont une lunette et permettent d'opérer rapidement sans grandes chances d'erreur; mais nous croyons que l'usage du cordeau est encore plus expéditif et plus certain. — Plus expéditif, car l'ouvrier, béchant la terre, vérifie lui-même, sans surcroît de travail, la profondeur à atteindre. — Le chef n'a plus, pour *recevoir* les tranchées, qu'à mesurer, en passant le long du drain, en quelques points seulement que son habitude lui fait considérer comme les plus défectueux. — Tandis qu'avec un niveau de pente on doit attendre le repos de la bulle ou du fil à plomb à toutes les stations et l'ouvrier qui creuse les drains est exposé à aller profondément en certains points sans s'en douter : il faut alors revenir et combler ce qui augmente inutilement le travail. Le cordeau est plus juste, parce que les points de repères sont distants de 25 mètres et que les petites erreurs faites en différents points ne peuvent pas s'ajouter pour faire une grande différence à l'extrémité du drain; tandis qu'avec un niveau de pente de 2 mètres de long, les erreurs très-faibles faites à chaque station peuvent, à la partie inférieure, en s'ajoutant l'une à l'autre, faire une erreur assez considérable pour compromettre la réussite du drainage.

Lorsque les ouvriers travaillent à la journée, c'est le premier ouvrier de chaque brigade qui est chargé de vérifier la profondeur, en dessous du cordeau, et qui cure le fond de manière à le bien régulariser.

§ 2. — VÉRIFICATION DES TALUS.

Les tranchées, comme nous l'avons dit, doivent avoir leurs parois inclinées d'un certain angle pour éviter les éboulements; la largeur au fond et au niveau du sol étant fixée et bien suivie, il faut en outre que les flancs soient bien droits du haut en bas; s'ils étaient creux ou bombés, il en résulterait des chances d'éboulement ou une plus grande difficulté dans la pose des tuyaux. La vérification du profil des tranchées se fait avec le gabarit représenté fig. 129, qui doit y entrer exactement, mais sans trop de jeu. L'ajustage exact des talus est inutile, bien entendu, puisque la tranchée doit assez promptement être remblayée; mais si l'on ne doit pas être trop difficile sur l'apparence, il faut que la vérification, par le gabarit, fasse comprendre aux ouvriers qu'il est de leur intérêt de ne pas creuser trop large et que les talus doivent avoir l'angle de soutènement fixé par le chef draineur.

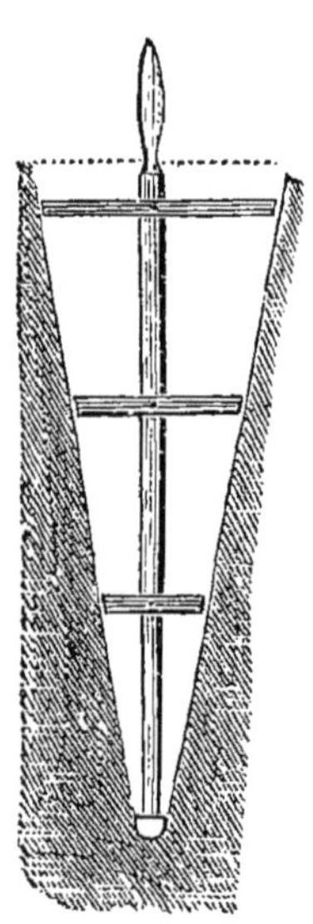

Fig. 129.

CHAP. IV.

Consolidation des parois.

Lorsque le terrain réclame impérieusement le drainage, — l'eau, comme nous l'avons dit, coule au fond des tranchées : aussi lorsque le fond de ces dernières n'est pas très-consistant, la terre se délaie, et, avant que la régularisation ne soit achevée, certaines parties peuvent être assez détrempées, ameublies, pour faire craindre que les tuyaux ne soient pas stables après le remplissage, — dans ce cas, surtout si le fond est de sable coulant, de glaise, il pourra être nécessaire de raffermir le fond en le damant au moyen d'un tasseur composé d'une pièce en fonte cylindrique ou demi-cylindrique assez lourde, du milieu de laquelle part une tige creuse dans laquelle une autre tige enchâssée glisse et porte dans le haut une poignée en croix qui permet de soulever le tasseur et de le laisser retomber; on obtient ainsi, en même temps qu'on achève la régularisation du fond, une solidité convenable pour la pose des tuyaux. Parfois il sera nécessaire de placer, au fond, des gazons ou de la terre argileuse pour éviter cet affouillement. Le tasseur peut aussi servir à enfoncer les pierres qui resteraient au fond et dont l'extraction exigerait trop de temps.

Enfin, si les flancs de la tranchée sont formés de terrain très-ébouleux, on sera forcé de soutenir les parois par des étais que l'on dispose ainsi : deux ou plusieurs planches sont placées horizontalement pour retenir les terres aux endroits où l'on remarque des fissures, ou seulement une moindre consistance, et l'on place ensuite les étais, petites barres de bois, ayant un peu plus que la largeur des tranchées, à différentes hauteurs; ils sont placés obliquement et serrés à coup de maillet pour maintenir l'écartement convenable des planches de retenue.

Dans le cas où les étaiements sont nécessaires, il faut entreprendre la moindre longueur possible de drain et la terminer rapidement, sans oublier, toutefois, les règles précédentes.

SECTION III.

ÉTABLISSEMENT DES CONDUITS.

La première idée d'assainissement souterrain d'un terrain à sous-sol rétentif a dû consister dans l'imitation partielle d'un terrain à sous-sol perméable, c'est-à-dire que l'on a dû faire une tranchée profonde et y jeter sur le fond une certaine épaisseur de matières filtrantes, ou laissant des vides dans lesquels l'eau peut se perdre en descendant suivant la pente du terrain. — Telle est l'origine des drains en pierres cassées, dites à *pierres perdues*. Les parties du sol actif placées immédiatement au-dessus des matières filtrantes et latéralement jusqu'à une certaine distance, sont évidemment dans la même situation que si le sous-sol était perméable. Mais, lors même que des drains faits ainsi auraient une pente permettant à l'eau filtrée et amassée de s'écouler au travers des interstices, jusqu'à l'extrémité inférieure et ouverte du drain collecteur général (bouche), on comprend que l'eau devant couler dans les pierres en faisant un grand nombre de sinuosités et en rencontrant continuellement des obstacles en travers de sa route, la vitesse d'écoulement est excessivement faible, ce qui permet le dépôt des sédiments :

aussi ces drains ne peuvent fonctionner convenablement que pendant un temps assez limité. — On a donc dû reconnaître, après un certain temps, que l'adjonction d'un conduit régulier était indispensable pour assurer un écoulement continu de l'eau affluente. Ce conduit a été fait d'un grand nombre de manières : nous allons rapidement les passer en revue. Il n'est pas besoin de dire que le tracé des drains se fait toujours suivant les mêmes principes, quel que soit le conduit adopté pour servir à l'évacuation des eaux.

CHAPITRE PREMIER.

Des conduits moulés.

L'assainissement des pâturages humides, des prairies, était autrefois obtenu par de petits fossés appelés saut-de-mouton : mais on comprend que l'asséchement produit était tout à fait superficiel ; en outre, ces fossés, très-nombreux, occupaient une place presque entièrement perdue: le premier perfectionnement fut d'approfondir les fossés jusqu'à 0m30 ou 0m70 et de les recouvrir des mottes extraites disposées en voûte de manière à laisser un vide souterrain, comme l'indique la fig. 130; de cette façon, aucune partie du sol ne restait improductive. — Ce mode d'assainissement, assez

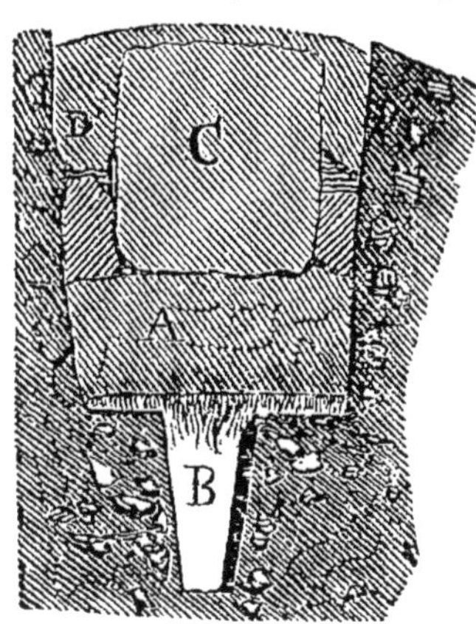

Fig. 130.

convenable pour les prairies, est malheureusement de peu de durée et suppose un sous-sol assez compacte pour être divisé en mottes solides. A, motte gazonnée, enlevée en premier lieu et placé le gazon en dessous; C, motte intermédiaire, D, débris.

Un second mode consiste dans l'ouverture d'une tranchée d'une profondeur convenable, au fond de laquelle on fait des conduits au moyen de mandrins, ou moules saillants en bois, sur lesquels on comprime de l'argile ; ces conduits ont ordinairement une forme ovoïde : plus efficaces et plus durables que les drains précédents, ils ont encore l'inconvénient d'une durée très-limitée et de plus exigent une main d'œuvre coûteuse, les tranchées doivent être assez larges pour que les ouvriers y puissent commodément mouler les conduits.

Enfin, on fait encore des conduits moulés dans le sous-sol, au moyen de la charrue-taupe : la pièce principale de cette machine est une espèce de coutre vertical, très-résistant, à la partie inférieure duquel est fixé un soc en forme de cône. L'âge, portant le coutre, est muni d'un sabot, ou d'une petite roue, servant à régler la profondeur et de deux mancherons pour guider l'instrument. Dans les terrains tout à fait exempts de pierres, de nombreux conduits faits ainsi peuvent produire un bon et économique assainissement, surtout pour les prairies; mais ce drainage, moins bon que le drainage profond avec tuyaux, a comme les précédents l'inconvénient d'une durée très-limitée.

CHAPITRE II.

Des drains en pierres.

On en distingue de deux genres : les drains à pierres perdues, et les drains à conduits.

§ I. — DRAINS A PIERRES PERDUES.

Les tranchées destinées à être *empierrées* seront plus larges que celles tuyautées : — elles auront au fond une largeur de 0m20 environ et l'épaisseur de la couche de pierres sera d'environ 30 centimètres. — Les pierres employées doivent être très-propres, entièrement exemptes de terre ; — Si elles sont cassées à des épaisseurs variables, il faut placer au bas les plus grosses ; et dans le haut les plus petites, puis le gravier, le sable ; on évite ainsi, autant qu'on le peut, le passage de la terre et son introduction dans les interstices de pierres.

On ajoute même, dans ce dernier but, au-dessus de pierres, du gazon desséché (fig. 91, 92), l'herbe en bas, — de la paille, etc.

La manière de procéder à l'exécution de cette espèce de drains peut se résumer ainsi :

Après avoir déterminé et tracé la direction des drains, on apporte les pierres et on les dépose par tombereaux à des distances graduées d'après la quantité nécessaire ; la tranchée est ouverte en suivant les principes donnés précédemment ou, plus simplement, en creusant avec les outils du pays où l'on opère, des fossés à la profondeur voulue et d'une largeur suffisante pour que l'ouvrier puisse travailler facilement jusqu'au fond, surtout lorsque le sous-sol renferme des pierres.

§ II. — DRAINS EN PIERRES AVEC CONDUITS.

L'inconvénient du peu de durée des drains à pierres perdues ayant été prévu par le raisonnement, ou même directement observé, on imagina, pour éviter l'engorgement, d'établir à la partie la plus basse, des pierres assez grosses et assez régulières pour être rangées et laisser entre elles un vide continu ou conduit. Ce système de drain est plus durable, plus efficace que le précédent, mais encore plus coûteux évidemment. — Pour diminuer, autant que possible, le prix de revient, on réduisit la quantité de pierres cassées à une épaisseur de dix à quinze centimètres.

Le conduit se fait différemment suivant le plus ou moins d'importance des drains : — Pour un petit drain,

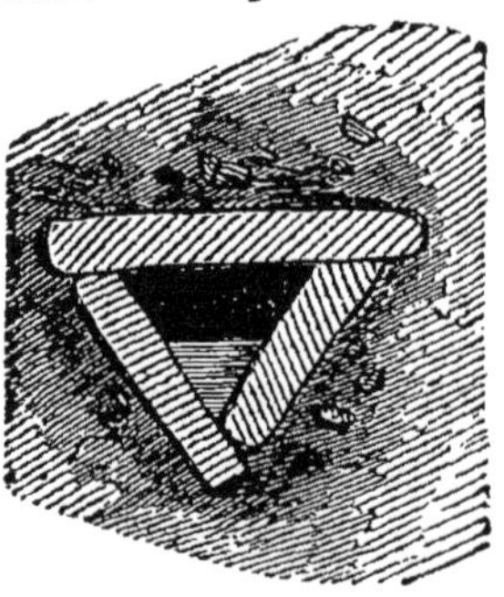

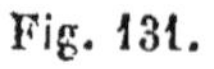

Fig. 131.

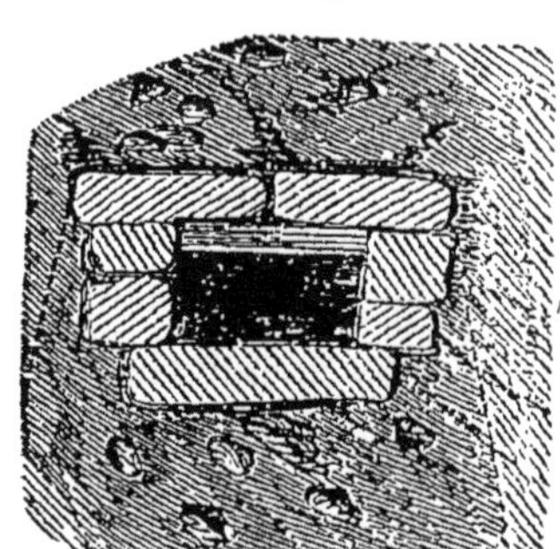

Fig. 132

ou drain d'assèchement, on peut se dispenser de faire un conduit, ou le former par trois pierres plates disposées en triangle (fig. 131), ou, à défaut de pierres de cette forme, par trois pierres quelconques placées de la même façon ; le conduit des drains collecteurs se fait, comme l'indique, la fig. 132 par deux rangs de pierres en forme de petits murs, recouverts de pierres plates, ou par une sorte de voûte en pierres sèches si le drain est de première importance et surtout quand il coupe des sources.

Dans le cas où les pierres sont très-communes, ces drains peuvent être établis sans trop de frais, surtout s'il n'est pas possible de se procurer des tuyaux à proximité ; de l'exécution des conduits dépendra le plus ou moins de durée de cette sorte de drains ; il ne faut donc pas craindre quelques frais de main-d'œuvre et choisir pour l'exécution de ce travail un ouvrier consciencieux.

CHAPITRE III.

Des drains en bois.

§ 1. — DRAINS EN FASCINES.

De même qu'on fit des drains à pierres perdues, on crut rendre le sous-sol perméable en jetant au fond d'une tranchée des fagots d'épines, des branchages divers, et les recouvrant de quelques pierres, de gazon et enfin de la terre précédemment enlevée ; mais le même inconvénient se présente ; l'eau devant couler au milieu des fissures de divers sens, rencontrant continuellement des obstacles, sa vitesse est faible ; aussi le dépôt du limon devient facile, à moins de précautions extraordinaires et, enfin, l'obstruction se complète, et le bois lui-même finissant par pourrir augmente encore cette tendance.

§ 2. — DRAINS A CONDUITS DE BOIS.

On a donc dû chercher aussi à remplacer les drains à fascines, ou à *bois perdu*, par des conduits réguliers en bois : on les a formés, par exemple, de trois perches coniques naturellement, dont deux posées au fond, la pointe en avant, et la troisième, par-dessus, la pointe en arrière, on a ainsi, entre ces trois branches, un conduit en forme de polygone curviligne (Fig. 133.) Mais la pression de la terre, supportée par ces perches, les fait enfoncer dans le fond détrempé et le conduit finit par s'annuler complétement. Le peu de durée de ces drains a dû engager à essayer de véritables tuyaux ou tubes en bois soit *forés* soit formés par quatre petites planches clouées, percées de trous ou, ce qui serait mieux d'après ce que nous avons dit sur la meilleure forme à donner aux conduits de drains, par trois planches seulement (Fig. 134 et 135).

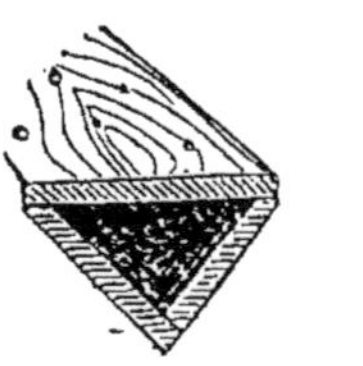
Fig. 135.

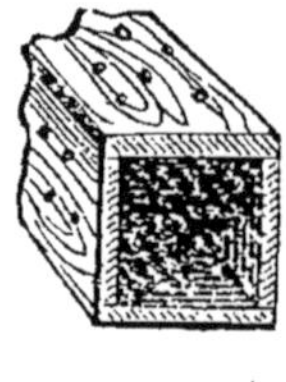
Fig. 134.

Fig. 133.

L'inconvénient de ces tuyaux qui, dans certains pays où le bois a très-peu de valeur, peuvent très-bien être employés, est leur durée très-limitée, car se trouvant alternativement secs et humides, ils se détruisent promptement.

CHAPITRE IV.

Des drains en tuiles.

L'expérience ayant prouvé qu'une très-faible couche de pierres cassées, sur un conduit, avait le même effet qu'une couche épaisse, on essaya, et avec succès, des drains formés seulement par un conduit qui fut fait avec les matériaux les plus communs ou les plus faciles à se procurer, dans le lieu d'exécution du drainage, tels que pierres, bois, tourbe découpée et séchée, et enfin des *poteries*. Ainsi au moyen de briques ordinaires, on fit des conduits à section quadrangulaire (fig. 136) : une brique à plat, pour le fond, deux briques de champ pour les côtés, et une brique à plat pour la couverture, en ayant soin de croiser ou d'alterner les joints dans le sens de la longueur du drain. — Cette manière de faire les conduits est coûteuse par la main-d'œuvre surtout : on parvint à diminuer le prix de revient

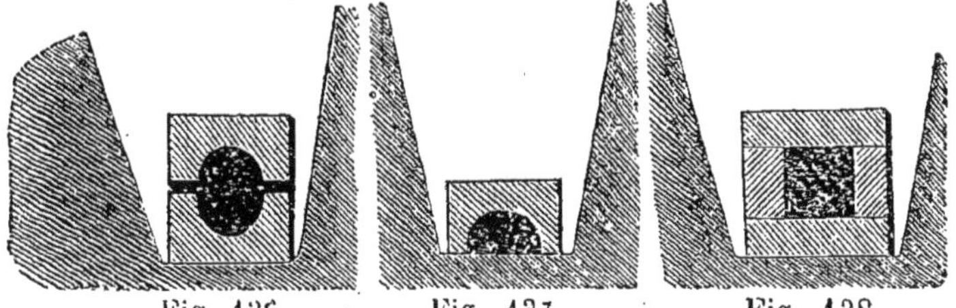

Fig. 136. Fig. 137. Fig. 138.

en fabricant des briques spéciales placées seules ou deux à deux pour former un véritable tuyau (fig. 137 et 138).

Ces tuiles peuvent facilement (Leclerc) se faire à la main au moyen d'un cadre semblable à celui qui sert à faire les briques ordinaires, mais dans l'intérieur duquel est fixé un demi-cylindre destiné à former le creux demi-circulaire de la tuile. — Enfin, l'invention d'une machine particulière permet de faire économiquement des briques ou plutôt des tuiles courbes, plus légères que les précédentes pour la même ouverture et par suite exigeant moins de matière première, de frais de cuisson et de transport. Ces tuiles s'employèrent soit seules (fig. 139), soit posées sur des tuiles plates ou soles (fig. 140), soit retournées et recouvertes par des tuiles plates, disposition entièrement opposée à la précédente et indiquée fig. 78, p. 114, soit enfin deux à deux sans intermédiaires (fig. 141), ou avec inter-

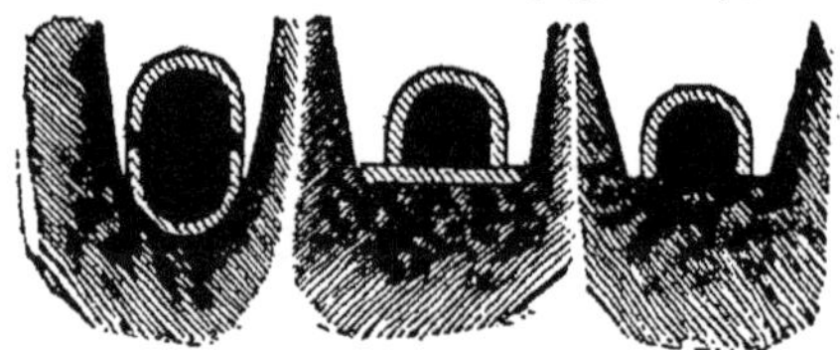

Fig. 141. Fig. 140. Fig. 139.

médiaires (fig. 142) pour les empêcher de chavirer. Ce système de drains a été pendant très-longtemps presque

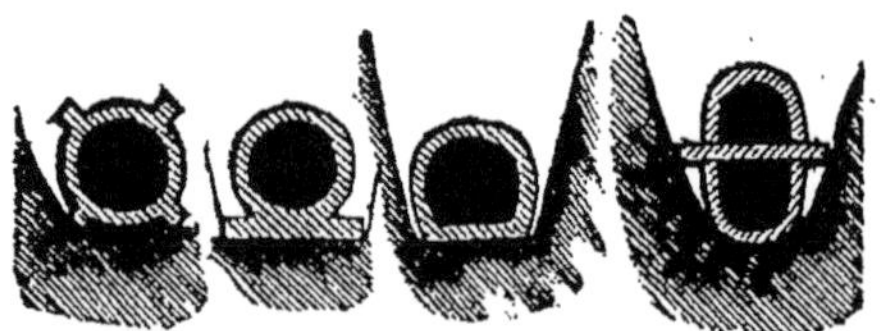

Fig. 145. Fig. 144. Fig. 143. Fig. 142.

universellement adopté en Ecosse et en Angleterre, et même importé en France sur une petite étendue, mais les draineurs finirent par s'apercevoir que la pose d'une tuile courbe seule, posée comme l'indique la fig. 139, ne suffirait pas pour que le conduit fût perpétuel, ce que l'on doit pourtant rechercher dans l'exécution d'un drainage: en effet, les bords de la tuile s'enfoncent dans la terre détrempée du fond du drain, et le conduit destiné à l'écoulement de l'eau, diminue peu à peu et progressivement pour finir, avec le temps, par s'annuler complétement; il est donc de toute nécessité de placer des tuiles plates ou soles sous les tuiles courbes (fig. 140) ou réciproquement, ou d'employer deux tuiles courbes, etc.; alors l'ensemble forme un véritable *tuyau* d'assez grande dimension, ordinairement, mais dont la pose est évidemment plus coûteuse que ne serait celle d'un tuyau fait d'une seule pièce.

CHAPITRE V.

Drains en tuyaux de poterie.

Les indications, très-succinctes, que nous venons de donner des différents essais de conduits, montrent que tout concourt à indiquer comme le nec plus ultra, l'emploi de *tuyaux* en matière inaltérable par l'eau et l'air, condition parfaitement remplie par les tuyaux en poterie ordinaire. La facilité et la promptitude de leur fabrication, par les machines, permettent de dire que ce sont ces tuyaux qui doivent être universellement adoptés comme conduits de drainage. — C'est en effet ce qui a lieu actuellement et nous devons, par conséquent, parler longuement de leur forme et de leur pose.

§ I. — FORME DES TUYAUX DE DRAINAGE.

Dans beaucoup d'inventions, on peut faire une curieuse remarque, c'est que l'on commence par la forme la plus compliquée, pour aboutir, après bien des essais adoptés avec empressement, puis rejetés peu à peu, à la forme la plus simple et la plus naturelle: c'est ce qui est arrivé pour les tuyaux de drainage. — Il nous semble actuellement que la forme circulaire est la plus *naturelle*, la plus *simple* et la plus *convenable:* elle donne, en effet (voir page 114), un *grand débit* avec le *moindre frottement*, un *bon filet d'eau;* on peut placer ces tuyaux circulaires *dans tous les sens ;* ils sont les *plus résistants* à égalité d'epaisseur et par suite les *plus légers* à égalité d'ouverture.

Cependant, on a d'abord reproché aux tuyaux à section circulaire, leur *instabilité*, comparativement aux tuiles posées sur des soles. Il est vrai qu'un tuyau circulaire posé sur un *fond plat* de tranchée, comme on les faisait pour les tuiles, serait instable et exigerait, pour sa fixation, des soins délicats ; mais, si comme nous l'avons indiqué, page 163, 164 (fig. 103, 104), le fond de la tranchée est taillé en demi cercle d'un diamètre égal à celui du tuyau extérieurement, ce dernier sera parfaitement stable. On doit donc actuellement rejeter comme inutiles les formes suivantes :

Tuyaux plats sur un côté (fig. 143), plus stables sur un fond plat, mais donnant une moindre vitesse d'écoulement et, si courbés, difficiles à placer en ligne continue.

Tuyau circulaire avec embase, inutile et même nuisible comme précédemment, bien que la section soit plus convenable.

Tuyau à section ovoïde et embase (Voir fig. 76, page 113) : — la forme ovoïde donne une plus grande vitesse lorsque le drain conduit très-peu d'eau, mais un tuyau circulaire d'un diamètre proportionné avec la quantité d'eau qu'il doit recevoir jouit du même avantage : il ne peut pas être utilisé s'il s'est légèrement courbé pendant sa cuisson.

Les tuyaux circulaires à nervures (fig. 145) qui permettent de poser le tuyau dans quatre sens, très-stablement, et le renforcent : cette précaution, très-bonne, est encore inutile, mais n'a pas le désavantage des précédentes formes. — Enfin, un certain nombre de formes plus compliquées sont sans avantages et présentent au contraire les inconvénients signalés précédemment.

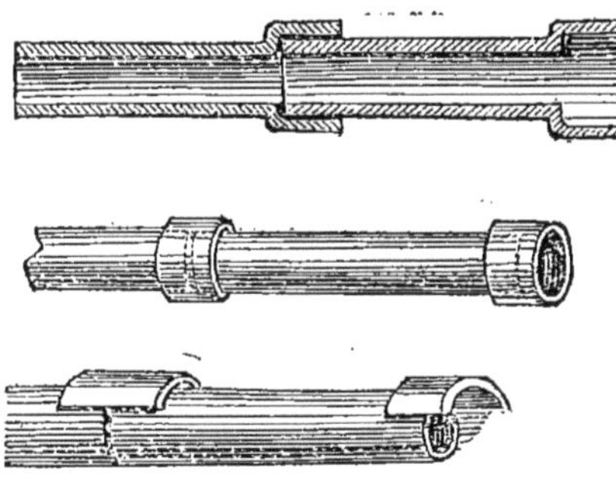

Fig. 146. Fig. 147. Fig. 148.

Sous le rapport de leur jonction bout à bout, on a imaginé des tuyaux pénétrant l'un dans l'autre par des échancrures, pour assurer leur continuité et leur dépendance mutuelle; en revanche s'ils sont quelque peu courbés par la cuisson, il en résulte la mise au rebut forcée d'un certain nombre de tuyaux, ou si l'on veut forcément les employer tous un conduit à forme ondulée. Enfin, on a, dans le même but, fait des tuyaux à emboîtement (fig. 146), du genre des tuyaux employés depuis très-longtemps pour les conduites d'eau. D'après M. Leclerc, un constructeur belge fabriquerait des tuyaux de ce genre avec une machine telle que le prix de revient serait moindre que celui des tuyaux ordinaires avec manchons.

Il est certain que s'il en est ainsi, ce système d'emboitement faciliterait la pose en assurant la bonne continuité du conduit; il devrait par conséquent être adopté.

Avec les tuyaux ordinaires, on emploie, lorsqu'on le croit nécessaire, des manchons, ou bouts de tuyaux d'un diamètre plus grand que celui extérieur du conduit (fig. 147) et qui, en entourant ce dernier en chaque joint, produisent la même assurance que les emboitements, en facilitant la pose et sans rendre trop élevé le prix de revient.— Cependant on peut diminuer ce prix sans cesser de faire un bon conduit en employant seulement des demi-manchons posés sur le joint (fig. 148), et qui, tout en ayant l'avantage des manchons entiers pour empêcher l'entrée de la terre et faciliter la pose, n'ont pas le désavantage des derniers, de laisser en dessous des tuyaux un espace vide susceptible d'affouillement.

§ II. — POSE DES TUYAUX.

Sans manchon. — Cette pose se fait suivant les cas à la main ou avec le crochet poseur (fig. 149 et 150). On doit poser à la main toutes les fois que la tranchée est-

assez large pour que l'ouvrier puisse atteindre, sans trop de difficultés, le fond de la tranchée telle qu'on doit la faire en terrain pierreux. Les tuyaux sont apportés et rangés d'un côté du drain, bout à bout, par un enfant. — Le fond de la tranchée étant bien curé avec une drague en forme de gouge, ou demi-cylindre d'un diamètre répondant à celui des tuyaux qui doivent y être placés, on consolide le sol avec un tasseur, — si le sol ne présente pas une consistance suffisante, ou si le fond est encore trop irrégulier ; alors on peut placer les tuyaux en commençant par le haut du drain et en descendant suivant la plus grande pente du terrain. On peut marcher sur les tuyaux, et les seuls précautions à prendre consisteront dans l'*approche exacte* des tuyaux et dans la fixation de quelques petites pierres, ou plutôt de petites boulettes d'argile, pour caler et consolider les tuyaux sur les côtés. — On doit commencer par le haut, forcément, pour éviter l'introduction de la boue toutes les fois qu'il y a de l'eau dans la tranchée, cas le plus général ; si dans quelque cas le fond

Fig. 149. 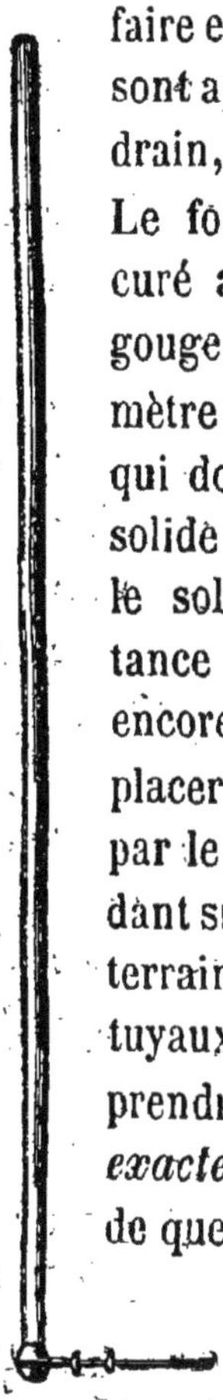 Fig. 150.

était parfaitement sec, il n'y aurait pas d'inconvénient à commencer par le bas pour aller en remontant. — Il est toujours bon, si cela est possible, de placer sur les joints des morceaux de tuyaux qu'on retient encore avec des cales en terre très-argileuse.

Lorsqu'on peut poser les tuyaux avec le crochet, un enfant les range d'abord sur le bord de la tranchée, en en plaçant un tous les 30 centimètres perpendiculairement à la longueur de la tranchée, puis l'ouvrier saisit, avec son crochet, un tuyau qui vient s'appuyer, lorsqu'il dirige, la pointe un peu en l'air, contre une rondelle d'arrêt : le poseur descend verticalement, jusqu'au fond de la tranchée, le tuyau placé ainsi, le pousse contre le précédent en appuyant vers l'avant pour le rapprocher autant que possible, puis il presse verticalement pour enfoncer le tuyau et le rendre stable, et enfin, il soulève un peu le crochet pour pouvoir le retirer en arrière sans déranger le tuyau de la position qu'on vient de lui donner.

On comprend facilement que la pose au crochet doit être beaucoup plus facile et beaucoup plus expéditive que celle faite à la main, lorsqu'on pose les tuyaux bout à bout sans manchons.

De même, si l'on emploie des manchons : l'aide enfilera un manchon sur chaque tuyau posé au bord de la tranchée, comme il vient d'être dit, puis le poseur enlevera l'ensemble en retournant la pointe un peu en haut et les deux embases du crochet arrêteront, l'une, le tuyau, l'autre, le manchon, en laissant dépasser une moitié de ce dernier; on prendra les mêmes précautions que précédemment pour serrer les tuyaux, les consolider et enfin retirer le crochet.

Lorsqu'on veut, pour économiser les manchons, ne mettre que des bouts de tuyaux ou demi-manchons, ce qui, du reste, est parfaitement suffisant, on les y place, du sol même, au moyen d'une grande pince en bois.

Une fois les tuyaux posés, on doit s'empresser de les recouvrir de quelques centimètres d'épaisseur de terre jetée doucement à la pelle pour ne pas déranger la pose.

§ 3. — RACCORDEMENT DES DRAINS.

Les drains de desséchement débouchent, comme nous l'avons dit, dans les drains collecteurs ; il y a donc à faire l'étude des dispositions convenables pour assurer un bon écoulement de l'eau jetée, par les petits drains, dans les collecteurs.

En premier lieu, quel doit être l'angle de raccordement? y a-t-il inconvénient à raccorder normalement deux drains, ou bien, est-il indispensable que les petits drains rencontrent les collecteurs sous un angle aigu? — Si les tuyaux qui viennent se brancher sur le collecteur avaient le même diamètre que ce dernier, le premier courant d'eau serait arrêté par les filets arrivant perpendiculairement et les drains collecteurs ayant souvent une pente beaucoup plus faible que celle des petits drains, le courant de ceux-ci intercepterait celui du collecteur, où les dépôts pourraient alors commencer à paraître et compromettraient le fonctionnement du drainage tout entier; cela est évident, et l'on doit, dans ce cas, chercher à faire déboucher obliquement les petits drains sur leurs collecteurs. — Mais, le plus souvent, les collecteurs ayant un diamètre plus grand que celui des tuyaux de dessèchement qui y débouchent, on peut, sans aucun inconvénient, faire déboucher les petits drains normalement à la direction du collecteur, pourvu qu'on adopte les dispositions que nous allons examiner : souvent même, pour suivre ces dispositions, il y aura grand avantage à prendre pour collecteurs des tuyaux d'un plus grand diamètre que ceux rigoureusement nécessaires que nous avons indiqué, page 110 et 111.

Lorsque deux tuyaux d'égal diamètre se rencontrent, on fait déboucher le premier dans un espace vide suffisant, laissé entre deux tuyaux du collecteur, et on recouvre ce vide par une pierre plate ou une tuile après avoir bien garni les flancs et le fond d'argile corroyée, ou même de fragments de tuyaux destinés à empêcher l'affouillement.

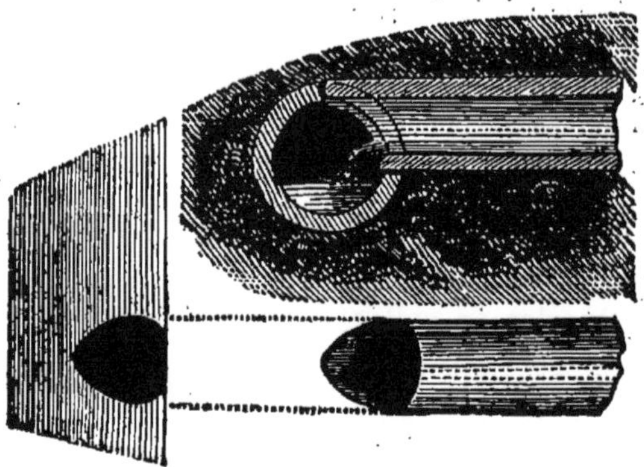

Fig. 151.

Lorsqu'un petit tuyau débouche dans un grand, on doit

couper le premier en biseau, comme l'indique la figure 151, puis percer, dans le côté et à la partie supérieure du grand tuyau, un trou correspondant; — de façon que le petit tuyau débouche dans le grand comme l'indique la coupe du haut de la figure; on voit que, de cette manière, sauf les cas où les tuyaux seraient complétement pleins, le courant du petit drain ne gênera en rien celui du grand en supposant même que leur rencontre se fasse normalement. — Le percement des trous se fait au moyen de la pointe du marteau représenté fig. 152, et de la manière suivante : on trace sur le gros tuyau, à la craie ou avec une pointe d'acier, le contour du trou, puis sur ce contour, après avoir mouillé le tuyau, on fait une série de trous en frappant d'un coup sec avec la pointe d'acier très-fine du marteau. — Lorsque tout le contour du morceau à enlever est marqué par ces trous, on donne un coup sec du tranchant et la pièce, cernée par les trous, tombe ordinairement, si le nombre des trous percés est suffisant. Pour couper obliquement ou en sifflet le bout du petit tuyau, on le mouille, et après avoir marqué le contour à détacher au moyen de trous comme précédemment, on achève la division au moyen du tranchant du marteau; — cette dernière opération n'exige pas une grande régularité comme on peut le penser; la partie la plus difficile du travail c'est le percement du trou à un diamètre convenable. — Quelques auteurs ont cru devoir conseiller l'emploi de tuyaux spéciaux pour raccordement; ainsi (fig.

Fig. 152.

153), un tuyau courbé entrerait dans un tuyau collecteur spécial percé à l'avance d'un trou de diamètre convena-

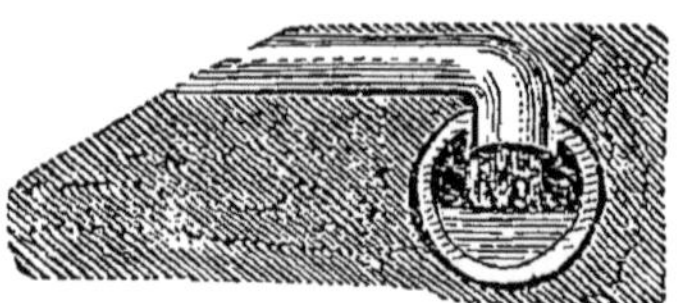

Fig. 153.

ble ; — nous n'avons pas besoin d'insister pour faire comprendre que le petit marteau que nous avons indiqué suffit pour tous les cas et évite le débours de tuyaux spéciaux que l'on trouve difficilement et qui sont coûteux : — Nous ne parlerons donc pas de systèmes d'embranchement encore plus compliqués, et par suite encore moins convenables.

§ 4. — Regards.

Lorsque plusieurs collecteurs se réunissent en un seul point, l'application des procédés ordinaires de rencontre serait difficile et pourrait être insuffisante. On doit alors avoir recours à ce que l'on appelle *regards* ou *cheminées* de drainage. — Nous avons indiqué, page 86, un des buts de ces regards; ils en ont un autre, parfois très-important, c'est de permettre, lorsqu'on est forcé de le faire, de drainer la partie inférieure d'une pièce avant la partie supérieure. — Dans ce cas, aux points où les collecteurs de la partie supérieure devront venir jeter leurs eaux, on établit des regards dont le bas forme comme un puisard où la boue, entraînée par l'eau coulant dans les tranchées du futur drainage supérieur au premier, se déposera et pourra être extraite de temps en temps. De cette façon, on n'aura pas à craindre l'obstruction des drains déjà faits et devant recueillir les eaux des terrains supérieurs. — Si la quantité d'eau à recevoir est peu importante, on fait le regard au moyen de trois ou quatre gros tuyaux superposés verticalement (fig. 154). L'inférieur est percé d'autant d'ouvertures qu'il y a de collecteurs débouchant ou devant déboucher en ce point. — Les tuyaux de ces collecteurs sont immédiatement placés et bien entourés d'argile près des ouvertures; les joints des tuyaux verticaux sont aussi entourés d'argile, comme on le voit dans la figure; enfin une tuile plate ferme le tuyau supérieur.— Il doit y avoir en dessus de ce dernier une épaisseur de terre excédant de quelques centimètres la plus grande épaisseur de labour. Si la surface dont le regard doit recevoir les eaux est considérable, il faut le construire en maçonnerie, en forme de petit puits carré de 0m50 de largeur environ et d'une forme analogue au précédent. L'emplacement des regards varie avec les circonstances particulières où l'on

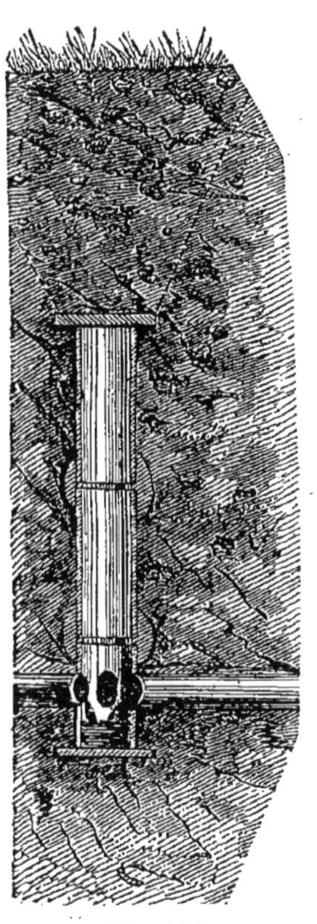
Fig. 154.

se trouve, et c'est par suite à l'intelligence du draineur que cette fixation doit être laissée.

§ 5. — Bouches d'évacuation.

L'extrémité inférieure du collecteur général jette les eaux de tout le champ dans un fossé de route, une rivière, un canal, un étang, etc., etc. — Cette extrémité est à l'air libre et doit, par conséquent, être établie de telle façon que la malveillance ne puisse la détruire ; qu'en jouant, les enfants ne puissent nuire à l'écoulement ; et qu'enfin les petits animaux, oiseaux, rats, etc., ne puissent y entrer et obstruer les conduits de leurs cadavres.

Pour éviter tout dérangement, on doit faire dans la berge de la rivière, du canal, fossé, etc., où débouche le tuyau, un mur large d'un mètre à un mètre et demi, et d'une épaisseur égale à $0^m,33$ à la partie supérieure et au tiers au moins de sa hauteur dans le bas. — On peut, en lui donnant beaucoup de fruit, diminuer considérablement ces épaisseurs. — Ce mur pourra être en retraite dans la berge, avec deux petites ailes ; du reste, la disposition dépendra des circonstances particulières. — Enfin, entre le dernier et avant-dernier tuyau, on plantera un fil de fer trois fois recourbé (fig. 155) et formant ainsi un grillage propre à empêcher l'introduction des rats ou des oiseaux. — Pour un drainage important, la bouche, ou dernier tuyau, serait plus convenable en fonte qu'en tuyau de poterie.

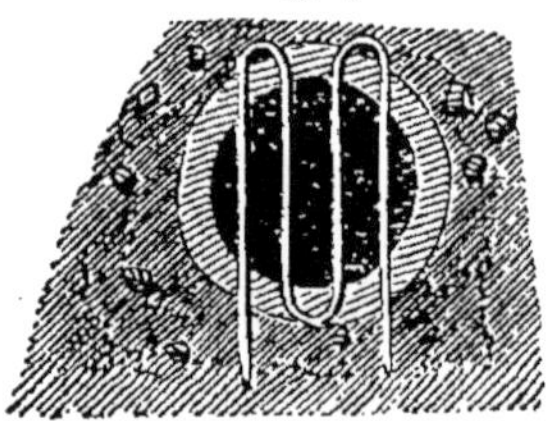
Fig. 155.

SECTION IV.

REMPLISSAGE DES TRANCHÉES.

CHAPITRE PREMIER.

De la nature et de l'arrangement des matériaux de remplissage.

§ 1. — Questions diverses.

C'est peut-être après le placement des tuyaux que le draineur commençant éprouve la plus grande inquiétude; la partie la plus coûteuse de son travail est effectuée, et il doit la recouvrir ; il faut beaucoup de foi, ou beaucoup de présomption, pour ne pas être impressionné au moment d'enfouir tout, espérance et *argent*, sous une épaisseur d'un mètre de terre. Aussi quelle joie lorsque, le travail achevé, le draineur voit jaillir du collecteur un beau filet d'eau; si la réussite, dans l'état actuel de la pratique du drainage, est le cas le plus habituel, il y a eu cependant parfois d'amères déceptions ; aussi, lorsqu'en suivant nos instructions précédentes, le draineur aura établi convenablement ses tuyaux, il ne doit pas s'imaginer que sa tâche est achevée et qu'il n'a plus qu'à remblayer les drains sans précaution. Si l'ouverture des tranchées est faite en été et que le fond ne contienne pas d'eau, que les drains soient *à sec*, alors surtout on doit se demander si, après avoir rejeté la terre sur les tuyaux, ceux-ci fonctionneront aussitôt que les eaux provenant de la succession des pluies d'automne et d'hiver, viendront sursaturer le sol et le sous-sol. On comprend cette inquiétude sur le fonctionnement d'un petit tuyau placé à 1m 20 dans un terrain argileux. — Beaucoup de draineurs, confiants dans l'effet de la pesanteur, posent comme principe qu'aucune puissance ne peut empêcher l'eau de pluie de filtrer au travers l'argile la plus tenace pour arriver au conduit souterrain. — Cela nous semble trop absolu ; le principe est parfaitement vrai, si l'on admet que l'intervalle entre deux fortes pluies soit assez grand pour que le travail de la pesanteur puisse vaincre les frottements qu'éprouve l'eau dans son passage à travers les molécules terreuses ; mais il n'en est plus ainsi, si la difficulté de filtration de l'eau est telle qu'avant l'évacuation totale d'une première pluie, une autre averse vient saturer, de nouveau, le sol. — Il est certain, par exemple, que, dans les constructions hydrauliques où l'on veut retenir l'eau, il est impossible de faire, avec l'argile, un rempart absolument impénétrable à une masse d'eau retenue sur une certaine hauteur ; — mais, cependant, si la charge d'eau est faible, une digue en argile corroyée devient parfaitement impénétrable lorsqu'elle est saturée d'eau. — La confiance dans le fonctionnement d'un conduit placé à l'intérieur d'un sous-sol imperméable est donc justifiable ; mais aussi une certaine crainte est admissible lorsqu'on considère la faible quantité d'eau et les difficultés qu'elle peut rencontrer avant son arrivée dans le conduit.

Il est donc parfaitement juste de chercher à disposer les matériaux de remplissage de façon à donner le plus d'assurance possible pour le fonctionnement futur du drain. Lorsque, pendant la pose des tuyaux, l'eau suinte des parois et qu'un écoulement plus ou moins considérable a lieu sur le fond des tranchées, les tuyaux fonctionnent déjà et la seule crainte admissible, c'est l'entraînement des parties fines de la terre délayée par le courant et qui, par leur accumulation, pourraient après un certain temps obstruer les tuyaux. — Les deux faits se sont présentés : des drainages effectués par des praticiens habiles n'ont pas pu fonctionner ; des drains, après avoir coulé pendant un certain temps, ont cessé tout à coup de donner de l'eau et le terrain est redevenu humide. — Il se présente donc à l'esprit du draineur deux ordres de recherches : 1° rendre l'accès de l'eau vers les drains aussi facile que possible ; 2° empêcher les parties fines du sol et du sous-sol de pénétrer dans les tuyaux.

§ 2. — MOYENS PROPRES A ASSURER LE FONCTIONNEMENT DES TUYAUX.

Un premier moyen propre à assurer le fonctionnement des tuyaux, ou conduits quelconques, lorsque le sol et le sous-sol sont des terres fortes argileuses, consiste dans le *choix de la saison* d'ouverture des tranchées. En effet, si, dans des terres de cette nature, on creuse les drains au printemps ou en été, époques où l'évaporation est considérable ; qu'on laisse ouvertes, un ou deux jours, les tranchées, les parois et le fond de ces dernières se dessécheront, et, en se contractant, laisseront sur une certaine épaisseur des fissures qui offriront, pour l'avenir, un passage facile à l'eau de pluie filtrant dans le sol. — La terre extraite et laissée deux jours à l'air se desséchera également, de sorte qu'après le remplissage des drains, il se trouvera dans le terrain au-dessus et proche des tuyaux, des espèces de *veines verticales* plus poreuses que le reste du terrain, formées par la terre de remblai et les parois desséchées des tranchées. Cette disposition perméable de sol et de sous-sol une fois acquise, au-dessus et sur les côtés du tuyau, il est évident que, quoi qu'il advienne dans l'avenir, jamais le terrain, en cet endroit, ne pourra redevenir aussi compacte et imperméable qu'il était précédemment ; les particules terreuses n'ont plus de tendance à se lier étroitement ensemble et l'air entraîné par l'eau de pluie continue cet assèchement de proche en proche. Ce moyen est donc parfaitement applicable, puisqu'il n'ajoute rien au prix de revient du drainage, et n'entrave pas les autres travaux. *Une exposition à l'air libre en chaude saison* suffit pour effectuer cette dessiccation : le seul travail de surcroît, que peut occasionner cette manière de procéder, sera peut-être un *nouveau curage* du fond avant le placement des tuyaux, et, encore, cet inconvénient peut-il être évité : pour cela, il suffira d'ouvrir les tranchées à la profondeur voulue et de n'effectuer le dernier curage que le lendemain, en plaçant immédiatement après les tuyaux; puis de recouvrir ceux-ci de dix à quinze centimètres de terre, et de laisser les tranchées ouvertes jusqu'à ce que la dessiccation des parois soit telle qu'il y ait un commencement d'éboulement. On pourrait craindre qu'avant le remplissage définitif, une forte pluie ne vienne délayer le peu de terre mise sur les tuyaux et causer l'obstruction de ces derniers; mais il est visible que la quantité de pluie qui tombe directement dans la tranchée ouverte est, vu la faible surface, trop petite pour être à craindre; et même, la précaution habituelle de garnir le dessus des joints avec de la terre argileuse, suffit pour empêcher l'introduction des parties fines de la terre entraînée.

Un autre moyen se présente naturellement à l'esprit; il consiste à placer sur les conduits une couche de matières perméables, telles que des pierres cassées, des bruyères, des pailles, etc., etc. Cette disposition était anciennement usitée et quelques praticiens la considèrent encore comme indispensable à l'efficacité du drainage; — le plus grand nombre des draineurs la croient sinon inefficace, du moins inutile, — un simple conduit suffisant parfaitement, d'après l'expérience, à l'assèchement. — Ici, cependant, il y a matière à discussion, et, pour la faciliter, nous poserons ainsi le problème : *La première partie du remblai mis sur les tuyaux doit-elle être composée de matériaux perméables, ou, au contraire, imperméables?* — Dans les premières années de la vogue du drainage, on croyait fermement à la nécessité d'une couche de pierres, de paille, ou autres matières filtrantes, sur les conduits de pierres, de tuiles ou même de tuyaux. — On était pénétré de l'idée qu'il fallait, supérieurement au conduit, et latéralement, une grande surface de filtration pour recueillir l'excès d'eau contenue dans le sol et dont on s'exagérait la quantité. Les chiffres que nous avons donnés, en discutant les diamètres des tuyaux, ont dû faire comprendre que la très-minime quantité d'eau qui doit arriver, par seconde, dans chaque joint, est si faible que tous ces passages réservés, toutes ces couches filtrantes sont des précautions surabondantes, dans les cas ordinaires de drainage. — Cela est si vrai que, par une réaction d'idée assez habituelle à l'esprit humain, quelques draineurs pensent, au contraire, que les tuyaux doivent être recouverts d'abord par la partie la plus imperméable du sous-sol. — Ces opinions si opposées sont l'une et l'autre en partie justifiables. Nous allons essayer de les discuter.

Supposons un terrain dont le sol et le sous-sol soient imperméables sur une épaisseur considérable, et reposent sur une couche poreuse; si, comme quelques auteurs l'ont avancé, aucune force ne peut empêcher la filtration de l'eau au travers de l'argile, l'eau tombée sur le sol atteindra la couche poreuse et s'y perdra, donc un tel terrain serait sain; mais il est bien connu que les choses ne se passent pas ainsi et que si la couche poreuse est placée trop profondément, elle n'a plus d'action, elle ne peut plus débarrasser le sol de l'eau de pluie qui y tombe et s'y accumule. — La pesanteur agit évidemment sur les molécules d'eau pour les faire descendre au travers le terrain rétentif, mais si le chemin vertical à parcourir pour atteindre la couche poreuse est trop considérable, il en résulte qu'avant que l'eau d'une pluie n'ait atteint la couche poreuse, une autre pluie vient augmenter l'humidité du terrain : — l'assainissement, possible en théorie, ne l'est plus pratiquement, *faute de temps* : — le travail mécanique de la pesanteur de l'eau ne suffit pas pour vaincre le travail moléculaire de la résistance que présente la terre au passage de l'eau. — Donc si, comme l'a prouvé la pratique, l'eau de pluie peut traverser une épaisseur de terre forte d'un mètre et même davantage, il est probable que la profondeur des drains ne pourrait pas être très-considérable en terrain homogène d'une seule couche et rétentif, et qu'il y a une limite de profondeur, dépendant de la nature du terrain, qu'il ne faut pas dépasser. — Il est vrai que l'assèchement change la nature physique du sol, le rend de plus en plus pénétrable par l'eau ; mais pour que cet effet ait lieu, il faut que l'assèchement commence, et, pour cela, on comprend qu'une couche de pierres cassée placée sur un tuyau (fig. 156), puisse être utile et même nécessaire pour que les drains commencent à fonctionner, dans certains cas. — Quelques faits pratiques viennent corroborer ces réflexions : on a dû recommmencer des drainages dans lesquels les tuyaux étaient enfouis trop profondément : — placés plus près du sol, les drains ont fonctionné il en eût été de même pour des drains profonds avec cou-

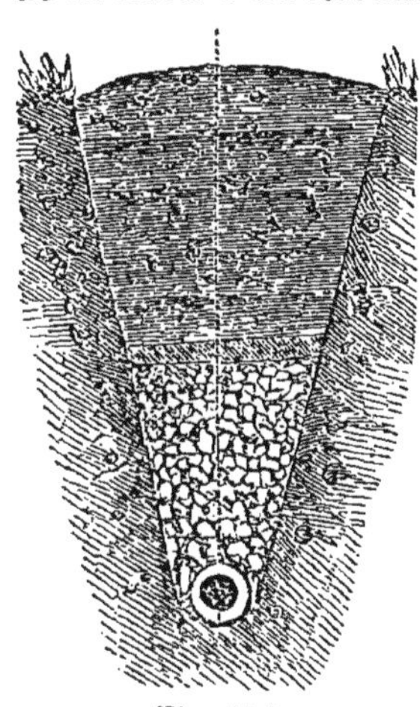

Fig. 156.

ches poreuses, et de plus la terre aurait été assainie par la suite plus profondément. Si le sous-sol est composé d'une alternance de couches poreuses et imperméables, ou rempli de sources latentes, le drain devant recevoir de grandes masses d'eau en quelques joints, une certaine épaisseur de matières filtrantes doit faciliter l'assèchement; cela est surtout vrai pour les drains transversaux coupant des couches rétentives étagées (fig. 157), suivant le principe de la méthode d'Elkington.

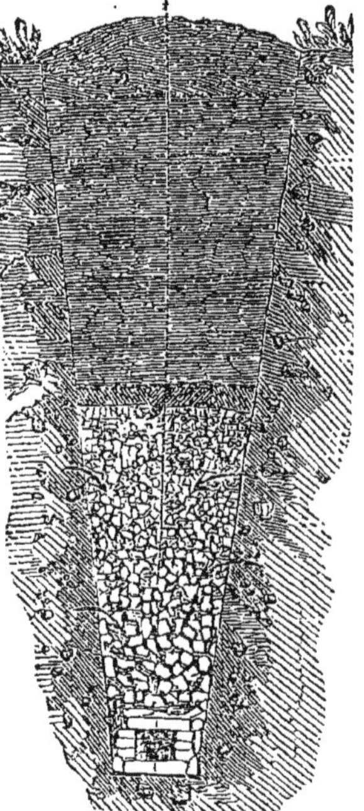

Fig. 157.

D'un autre point de vue, on peut dire que si le tuyau est recouvert d'une couche de matières imperméables, l'intervalle compris entre deux drains peut être considéré comme un vase sur le fond duquel l'eau tend à se réunir et à former un filet capable de vaincre la résistance des molécules terreuses et désagréger le sol; tandis que si l'arrivée de l'eau dans le tuyau a lieu supérieurement par l'intermédiaire d'une couche perméable, l'assèchement peut n'avoir lieu qu'en raison de l'épaisseur de terre placée sur la couche perméable artificielle.

Sans adopter exclusivement une des deux méthodes opposées, on devra donc les prendre en considération suivant les circonstances, et dans tous les cas on placera, *sur les joints mêmes*, outre les manchons, demi-manchons ou bouts de tuyaux, une petite quantité d'argile ou de terre forte pour éviter l'introduction des particules fines de la terre.

§ 3. — Moyens propres a empêcher l'obstruction des conduits.

Un petit conduit circulaire, un conduit ovale ou triangulaire (page 113 et 114) donnent, à égalité de pente et pour le même volume à expulser, une vitesse plus grande au filet d'eau et, par suite, un dépôt moins facile des matières fines entraînées.

L'augmentation de pente, quand elle est possible, a le même effet.

Si le sous-sol, sur lequel les tuyaux doivent être placées, est de nature tellement affouillable qu'on ne puisse attendre son assèchement avant de placer les tuyaux, on devra, comme nous l'avons dit, les placer à partir des points les plus hauts de chaque ligne et garnir soigneusement d'argile leurs joints sur tous les côtés, pour empêcher l'introduction ultérieure de toutes les parties fines entraînées. On a quelquefois, dans ce cas, placé les tuyaux doubles, à joints alternés, mais ce moyen très-coûteux n'a guère pour effet certain que de faciliter la pose.

Un très-grand soin dans la pose des tuyaux est, suivant nous, le plus sûr garant de non-obstruction. — On peut, dans le même but, placer des matières filtrantes, telles que de la paille; des étoupes, des gazons desséchés, etc. — Quant aux dépôts provenant d'actions chimiques, lorsque les eaux sont ferrugineuses ou calcaires, on ne peut que retarder leur mauvais effet en employant des tuyaux d'un plus grand diamètre que celui nécessité par la masse d'eau à écouler. Enfin, pour éviter les obstructions causées par l'introduction du chevelu des racines d'arbres, on ne doit placer des drains qu'à une distance notable des plantations et d'autant plus grande, que le genre d'arbre est plus susceptible de transformer son chevelu en queues de renards, par le voisinage de l'eau courante; tels sont les saules, les maronniers, etc., etc.

CHAPITRE II.

Divers modes de remblayage.

Quel que soit le mode d'arrangement adopté pour les matières à placer sur les tuyaux, on doit toujours jeter doucement la première couche à la pelle, — sur une épaisseur de quinze à vingt centimètres environ, pour éviter de déranger les tuyaux ou même de les casser. — On ne doit pas rejeter sans soin et immédiatement le déblai s'il est en mottes durcies, car alors il resterait des vides en quelques points, et il pourrait s'ensuivre un inégal tassement et par conséquent un dérangement dans les tuyaux. On ne doit rejeter la terre au moyen du râteau en fer (fig. 158) qu'au fur et à mesure de son effritement, de son ameublissement, par les agents atmosphériques ou du moins aider à ce changement, s'il en est besoin, en comprimant les couches successives au moyen d'une espèce de pilon (fig. 159), qui, en écrasant les plus fortes mottes, donne le moyen de replacer toute la terre dans la tranchée. — Si l'on ne comprime pas les couches de remblai, l'excédant reste en surélévation et la terre s'affaisse peu à peu dans la tranchée.

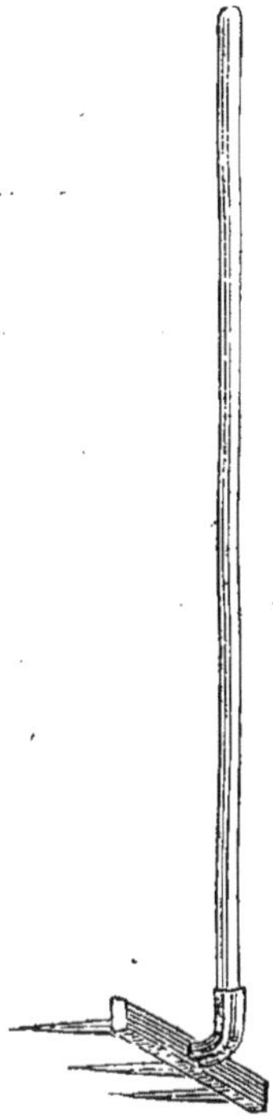

Lorsque la première couche de terre est jetée, on peut par économie renverser le reste dans la tranchée au moyen d'une charrue ordinaire traînée par deux chevaux attelés aux extrémités d'une balance très-longue, qui permet de les éloigner des bords de la tranchée.

Fig. 158.

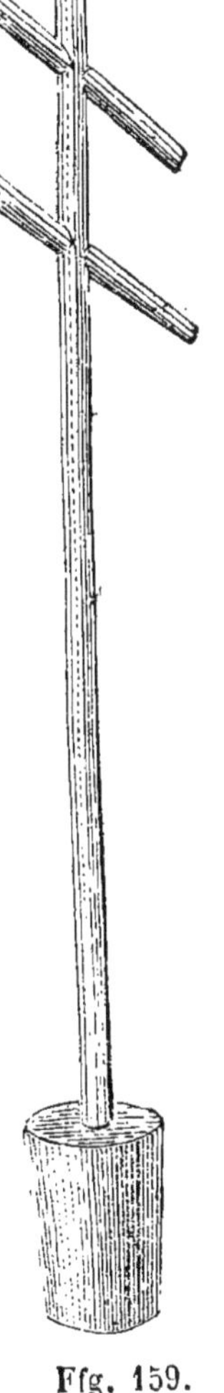

Fig. 159.

Enfin, on a imaginé des appareils spéciaux pour effectuer rapidement le remplissage ; ceux que nous connaissons sont trop coûteux pour que nous puissions les recommander aux cultivateurs. — Des associations devant agir sur de grandes étendues peuvent seules faire les frais de ces grands appareils. Mais nous sommes certains que les constructeurs pourront établir des machines spéciales à bas prix pour ce genre de travail.

Nous avons terminé la partie la plus importante de l'étude du drainage; notre petit livre renferme tout ce qu'il est indispensable de connaître pour tracer et exécuter un drainage dans les diverses situations de terrains, mais le sujet est si important qu'il est loin d'être épuisé : il nous reste encore à traiter plusieurs questions, et, en premier lieu, celle du prix de revient du drainage dans les différents cas et des moyens d'effectuer cette amélioration *à bon marché;* ce sera le sujet de notre deuxième volume.

FIN DE L'ART DE TRACER ET D'ÉTABLIR LES DRAINS.

TABLE DES MATIÈRES.

TABLE DES MATIÈRES.

IIe PARTIE. — EXÉCUTION DU DRAINAGE.

FIN DE LA TABLE DES MATIÈRES.

TABLE DES FIGURES.

Figures. Pages.

PARIS. — IMPRIMERIE DE J.-B. GROS, RUE DES NOYERS, 74.

CATALOGUE

DE LA

LIBRAIRIE CENTRALE D'AGRICULTURE

ET DE

JARDINAGE.

Quai des Grands-Augustins, 41.

AUGUSTE GOIN, ÉDITEUR.

NOTA. — Sur les ouvrages composant le présent catalogue, il sera fait une remise de 10 pour 100 lorsqu'ils seront pris au bureau.

Les commandes de 20 à 50 fr. seront expédiées *franc de port* jusqu'au bureau et la station des Chemins de fer, des Messageries Générales et Impériales les plus rapprochés de la résidence des demandeurs.

En outre de l'envoi *franc de port*, les commandes de 51 fr. jouiront de la remise de 5 pour 100, et il sera fait une remise de 10 pour 100 sur celles de 51 à 100 fr.

Je me charge aussi de fournir aux mêmes conditions tous les ouvrages qui me seront demandés, ainsi que les ouvrages neufs ou d'occasion, d'Agriculture et de Jardinage qui ne sont pas portés sur le présent catalogue.

15 Avril 1855.

Ouvrages de M. Robinet.

Membre de la Société centrale d'Agriculture, professeur de sériciculture.

PROCÉDÉ POUR LE BATTAGE DES COCONS. In-8. 1 50

VENTILATION DES MAGNANERIES. In-8. 3 »

QUATRE MÉMOIRES SUR LE MURIER. In-8. 1 50

LA MUSCARDINE, des causes de cette maladie et des moyens d'en préserver les vers à soie. In-8. 3 »

SOIE (*Mémoire sur la filature de la*). In-8, 7 pl. 4 50

SOIE (*Mémoire sur la formation de la*). In-8. 1 50

VERS A SOIE (*Éducation des*). 1 vol. in-8. 4 50

RECHERCHES SUR LA PRODUCTION DE LA SOIE EN FRANCE. 1 vol. in-8. 5 »

Ouvrages de M. Leroy-Mabile.

SUR LE MOYEN DE GUÉRIR LA POMME DE TERRE par la plantation d'automne, et d'en obtenir des récoltes plus abondantes et plus hâtives. Brochure in-8. « 75

LA POMME DE TERRE RÉGÉNÉRÉE PAR LA MATURITÉ, ouvrage appuyé de sept années d'observations. In-8. 1 »

RECHERCHES SUR LA POMME DE TERRE depuis 1768; sa dégénération et sa régénération progressives prouvées par les faits. Brochure in-8. 1 50

EXAMEN DE LA THÉORIE DE M. PAYEN SUR LA MALADIE DE LA POMME DE TERRE. Brochure in-8. » 75

LA VIGNE GUÉRIE PAR ELLE-MÊME. In-8. 1 »

Ouvrages de M. le comte de Gourcy.

VOYAGE AGRICOLE *en Belgique* et dans plusieurs départements de la France, suivi de quelques articles extraits des journaux d'agriculture anglais. 1 vol. in-8. 3 50

SECOND VOYAGE *en Belgique*, *en Hollande* et dans plusieurs départements de la France. In-8. 4 50

NOTES EXTRAITES *d'un voyage agricole dans l'ouest, le sud-ouest, le midi et le centre de la France et le nord de l'Espagne*. In-8. 1 50

NOTES AGRICOLES extraites des divers journaux anglais. In-8. 1 50

PROMENADES AGRICOLES dans le centre de la France. In-8. 1 50

ITINÉRAIRE destiné aux cultivateurs du continent qui désirent connaître l'agriculture anglaise. In-8. » 50

VOYAGE AGRICOLE *en France, Allemagne, Hongrie, Bohême, Belgique*. 1 vol. in-18. 3 50

BIBLIOTHÈQUE RURALE

PUBLIÉE PAR LES RÉDACTEURS DE L'AGRICULTEUR PRATICIEN.

Ouvrages en vente :

DRAINAGE. L'art de tracer et d'établir les drains, par J. GRANDVOINNET, ingénieur, professeur de génie rural à Grignon. 1 vol. in-18, avec 150 fig. dans le texte. 3 »

TRAITÉ ÉLÉMENTAIRE DES CHAMPIGNONS COMESTIBLES ET VÉNÉNEUX, par DUPUIS, professeur de botanique à Grignon. 1 vol. in-18 avec huit planches coloriées. 1 75

TRAITÉ COMPLET D'ALCOOLISATION GÉNÉRALE, GUIDE DU FABRICANT D'ALCOOLS, renfermant la marche à suivre pour obtenir l'alcool de toutes les substances alcoolisables; etc., par N. BASSET. 1 vol. in-18 avec dessins dans le texte, 6 gravures sur cuivre et 9 tableaux. 6 fr.

AMENDEMENTS ET PRAIRIES, *Traité populaire* extrait des œuvres de Jacques BUJAULT. 1 vol. in-18. » 60

DU BÉTAIL EN FERME, *Traité populaire* extrait des œuvres de Jacques BUJAULT, 1 vol. in-18. » 60

LE FUMIER DE FERME ÉLEVÉ A SA PLUS HAUTE PUISSANCE DE FERTILISATION *et n'étant plus insalubre*, par QUENARD, 2e édition in-18. 1 25

TRAITÉ PRATIQUE DE LA CULTURE ET DE L'ALCOOLISATION DE LA BETTERAVE, résumé complet des meilleurs travaux faits jusqu'à ce jour sur la Betterave et son alcoolisation, par N. BASSET, 1 v. 2 »

SYSTÈME GUÉNON *en forme de Catéchisme*, à l'usage des élèves des fermes-écoles, par Anacharsis COMBES. In-18. » 30

GUIDE DU PISCICULTEUR, d'après des notes et des documents fournis par J. RÉMY, pêcheur de la Bresse, et publiés par le Dr HAXO. 1 vol. in-18 avec grav. 1 50

GUIDE DE L'ÉLEVEUR DE POULES, POULETS, etc, par ALIBERT, professeur de zootechnie, à Grignon. 1 vol. in-18. 75 c.

GUIDE DE L'ÉDUCATEUR DE LAPINS, ou *Traité de la race Cuniculine*, par MARIOT-DIDIEUX, 1 vol in-18. » 75

GUIDE DE L'ÉLEVEUR D'ABEILLES, par DE FRARIÈRE. In-18 avec figures. » 75

GUIDE DE L'ÉLEVEUR DE PIGEONS DE COLOMBIER ET DE VOLIÈRE, par MARIOT-DIDIEUX. 1 vol. in-18. » 75

GUIDE DE L'ÉLEVEUR DE DINDONS ET DE PINTADES, par le même. In-18. » 75

PETIT TRAITÉ DE IRRIGATIONS, par James BONALD, traduit par A. DE FRARIÈRE. 1 vol. in-18 avec gravures. » 50

VISITE A UN VÉRITABLE AGRICULTEUR-PRATICIEN, par DURAND-SAVOYAT, propriétaire-cultivateur. 1 vol. in-18. 1 25

DU MAIS, de sa culture et des divers emplois dont il peut être susceptible, par W. KEENE et A. DE THIER. In-18. » 30

AGRICULTURE.

Abeilles (*Calendrier de l'éleveur d'*) par A. de FRARIÈRE. in-18 (*sous presse*).

Abeilles (*Manuel de l'éducateur d'*), par DE FRARIÈRE. In-18. 3 50

Abeilles (*Guide de l'éleveur d'*), par DE FRARIÈRE, 1 vol. in-18 avec figures. 75 c.

Abeilles (*Le conservateur ou la culture perfectionnée des*), d'après les méthodes les plus récentes et avec application de celle de Nutt. In-8, avec 3 pl., 1843. 1 50

Agriculteur praticien (L'), *Revue de l'agriculture française et étrangère*, 2e année. Prix de l'abonnement. 6 fr.

La 1re année. 6 fr.

Agriculture (*Manuel populaire d'*), par VIGNERAL, 1 vol. in-8. 1 25

Agriculture (*Cours d'*) *théorique et pratique*, et notice sur les chaulages de la Mayenne, par JAMET. 1 vol. in-12. 3 fr.

Agriculture du centre. Ouvrage où l'on enseigne le moyen de supprimer la jachère et de créer rapidement une grande quantité de fourrages dans les sols siliceux de la plus mauvaise nature, par CANCALON. 1 vol. in-8. 2 50

Agriculteur (*l'*) *praticien*, par V.-P. REY, président de la Société d'agriculture d'Autun. In-12. 2 fr.

Agriculture (*Manuel d'*), par demandes et par réponses, à l'usage des écoles primaires et des propriétaires ruraux, par BRUNO. In-18. 1 fr.

L'abrégé du même ouvrage. 40 c.

Agriculture (*Manuel élémentaire d'*), à l'usage des écoles primaires des départements de la Meuse, de la Meurthe, de la Moselle et des Ardennes, par L. GOSSIN. 1 vol. in-18. 1 fr.

Ouvrage couronné par la Société centrale d'Agriculture.

Agriculture pratique (*Cours complet d'*), par BURGER, PFEIL, ROHLWES, etc.; traduit de l'allemand par NOIROT; suivi d'un traité sur les vers à soie et la culture du mûrier, par BONAFOUS. 1 vol. in-4. 10 fr.

Alcoolisation générale (*Traité complet d'*), Guide du fabricant d'alcools, par N. BASSET. 1 vol. in-18. 6 fr.

Almanach de la ferme pour 1855, par BASSET, 1re année. 1 vol. in-18. 50 c.

Amendements et engrais (*Petit traité des*), par P. A. DE THIER. 1 vol. in-18 complété avec des notes extraites de l'*Agriculteur praticien* (*sous presse*). » »

Amendements et Prairies. *Traité populaire extrait des œuvres de* JACQUES BUJAULT. 1 vol. in-18. 60 c.

Amendements (*Traité des*), par PUVIS. 2e édit. 1 vol. in-12. 5 fr.

Ampélographie rhénane, ou description des cépages les plus cultivés dans la vallée du Rhin, et dans plusieurs contrées viticoles de l'Allemagne méridionale, par J.-L. STOLTZ. 1 vol. in-4, orné de 32 pl., fig. noires, 15 fr.; — figures coloriées. 25 fr.

Animaux (*Recherches expérimentales sur l'alimentation et la respiration des*), par J. ALLIBERT, professeur de zootechnie à Grignon. In-8, accompagné d'un tableau et d'un modèle d'appareil. 1 50

Apiculteur (*Guide de l'*), par Debeauvoys, 4e édit. 1 vol. in-18 avec figures. 2 fr.

Bétail en ferme (*du*), extrait des œuvres de Jacques BUJAULT. 1 vol. in-18. 60 c.

Bêtes à laine (*Manuel de l'éleveur de*). Notions pratiques sur le choix, l'élevage, le bon entretien et les maladies de ces animaux domestiques, par Roche-Lubin. 1 vol. in-18. 2 50

Betterave (*Traité pratique de la culture et de l'alcoolisation de la*), par N. Basset. 1 vol. in-18. 2 »

Betteraves (*Traité pratique de la culture des différentes espèces de*), procédé pour les conserver par la dessiccation, etc., tr. de l'allem. par Sarrazin. In-8. 2 fr.

Blé (*18 millions d'hectolitres de*) *pour rien*, ou conseils aux agriculteurs français, par Jacquin aîné, in-8. 50 c.

Bœufs (*Art d'engraisser les*), les vaches et les veaux, par Baurin. 50 c.

Bois (*Culture et exploitation des*), par J.-B. Thomas. 2 vol. in-8, 15 fr.

Bois (*Des qualités et de l'usage du*) sous le rapport économique et industriel. In-18. 25 c.

Bois (*De la culture et de l'aménagement des*). In-18. 25 c.

Bois (*Traité du cubage des*) et tarifs métriques pour cuber les bois carrés ou de charpente, les bois en grume au 5e et au 6e réduit, par Gussot. In-8. 40 c.

Bois (*Traité du cubage des*) ou tarifs pour cuber les bois carrés ou de charpente, les bois en grume au 5e et au 6e réduit, in-8, 4e éd. 1 25

Cailles d'Europe (*Instruction pratique pour élever les*), d'Amérique (ou colins), les **Perdrix grises et rouges**, par l'abbé Allary. 1 vol. in-18, avec figures dans le texte. 1 25

Calendrier du bon cultivateur, par Matthieu de Dombasle, 9e édit. 1 vol. in-12 avec pl. 4 75

Canards (*Nouvel art d'élever, de multiplier et d'engraisser les*), par F. Routillet. In-18. 50 c.

Canne à sucre de la Martinique (*Recherches sur la composition chimique de la*), par E. Peligot. In-8. 1 fr.

Catéchisme Agricole à l'usage des écoles rurales, par M. Greff. Ouvrage approuvé par le Comice agricole de Metz. 3e édit. 1 vol. in-18, cartonné. 50 c.

Céréales (*Question des*), son importance, ses rapports avec les institutions du Crédit Foncier et des Caisses de Retraites, sa solution, par Paul Troy. 1 vol. in-18. 3 »

Champignons comestibles et vénéneux (*Traité élémentaire des*), par Dupuis, professeur de botanique à Grignon, 1 vol. in-18, avec 8 planches coloriées. 1 75

Chevaux (*Traité du tic des*) et de la vieille courbature (*maladie ancienne de poitrine*), ou procédés simples et pratiques pour guérir ces deux vices, par Frédéric Bonneval, médecin-vétérinaire. In-12 avec une gravure. 1 25

Chèvres (*L'art d'élever les*) *et de les faire produire*, suivi de la fabrique des fromages. In-18. 50 c.

Chimie (*Leçons de*) **appliquées à l'Agriculture**, par E. Guéranger. 1 vol. in-8. 7 fr.

Chimie agricole (*Analyse des cours de*), professés en 1851, 1853 et 1854, par Malaguti, à la Faculté des Sciences de Rennes. 3 v. in-18. 3 fr.

Conseils aux Agriculteurs sur les moyens de prévenir l'indigestion gazeuse, connue dans nos campagnes sous le nom d'enflure des vaches, par MATHURIN PAPIN, médecin-vétérinaire. In-18. 30 c.

Conseils aux cultivateurs bretons, sur *l'hygiène des animaux domestiques*, ou connaissance des moyens de les entretenir et conserver en santé, par MATHURIN PAPIN, médecin-vétérinaire. 1 vol. in-12. 1 75

Coupes sombres (*des*) et des coupes claires, par J.-B. THOMAS. In-8. 50 c.

Cultivateur Aveyronnais (*Guide pratique du*) sur l'hygiène et le traitement des maladies du bétail, par ROCHE-LUBIN. Ouvrage couronné par la Société centrale d'Agriculture de l'Aveyron. 1 vol. in-8. 1 50

Cultivateur (*Manuel du*) à l'usage des fermes-écoles et des établissements d'instruction, par LEFOUR, inspecteur général de l'agriculture.

1er vol. Arithmétique et Comptabilité agricole. 1 25
2e vol. Agriculture, 1re partie, Sol et Engrais. 1 25
3e vol. Géométrie agricole. 1 25
4e vol. Animaux domestiques, 1re partie. 1 25
5e vol. *Id.* *Id.* 2e partie 1 25

Cuisinière (*La*) **de la ville et de la campagne** ou nouvelle cuisine économique, par L. E A. 32e édit. 1 vol. in-12 avec 300 fig. 3 fr.

Dictionnaire (*nouveau*) **d'Agriculture pratique**, publié par une société d'Agriculteurs et de Légistes sous la direction de M. DAUNASSANS, propriétaire-cultivateur, 1 vol. in-8. 12 »

Dindons et Pintades (*Guide de l'éleveur de*) par MARIOT-DIDIEUX. 1 vol. in-18. 75 c.

Distilleries agricoles (*Notice sur les*) de betteraves et autres plantes, système Champonnois. Brochure in-8. 1 25

Drainage(*Du*) par M. le comte de VIGNERAL, in-18. 75 c.

Drainage (*Instructions sur le*), publiées sous les auspices de la commission hydraulique de la Sarthe. In-12, 2e édition. 75

Drainage (*Du*), par FELIX REAL. In-18. 25 c.

Drainage. L'art de tracer et d'établir les drains, par GRANDVOINNET, ingénieur, professeur de génie rural à Grignon. 1 vol. in-18, avec 150 figures dans le texte. 3 »

Droit rural (*Dialogues sur le*) par VALSERRES. 1 vol. in-12. 60 c.

Employé de l'octroi (*Manuel de l'*) contenant des notions sur l'orthographe, l'arithmétique, la géométrie ; des examens sur le toisé, des instructions sur la jauge ; la législation, le tarif des droits, le contentieux et 35 modèles de procès-verbaux. 2 vol. in-8. 15 fr.

Engrais (*Des*) ou l'art d'améliorer les plus mauvaises terres par les amendements et les engrais de toute nature, par DUCOIN, 1 v. in-18. 1 25

Engrais azotés (*Des*) par DE GASPARIN, extrait par GUEYMARD, avec un tableau comparatif de la puissance de 119 engrais. In-18. 25 c.

Engrais (*des*) en général et spécialement de la manière de traiter les fumiers et le purin pour en conserver toute la valeur fertilisante suivie de la manière de traiter les matières fécales, par M. GREFF. In-8. 40 c.

Engrais (*Traité critique et pratique du commerce, du contrôle et de la législation des*), par F. S. de SUSSEX. 1 vol. in-8. 2 fr.

Engraissement du gros bétail et des veaux, porcs, bêtes à laine et volailles, par EVON. 1 vol. in-8. 3 fr.

Engraissement (*Observations et conseils pratiques sur l'*) des veaux, des vaches et des bœufs, par FAVRE d'EVIRE. 1824. in-8 75 c.

Enseignement de l'agriculture (*Guide de l'*), considérée comme profession, par Thaer, traduit par Sarrazin. 1 vol. in-12. 2 50

Faisans (*L'art d'élever et de multiplier les*) par A. Verguet. In-12, fig. noires, 50 c. — fig. col. 75 c.

Fécondation (*de la*) et de l'éclosion artificielles des œufs de poissons et de l'éducation du frai suivant le procédé de MM. Gehin et Remy, par Godenier. In-8. 1 fr.

Fécondation artificielle et éclosion des œufs de poissons, par le docteur Haxo. Brochure in-8. 2 50

Fécondation et Éclosion artificielle des œufs de poissons et éducation du frai. In-18. 25 c.

Forêts (*Traité pratique de l'estimation des*) et de l'exploitation des bois de charpente, par MM. Félix et Théophile Challeton. 1 vol. in-8, autographié. 3 fr.

Fumiers considérés comme engrais (*Des*), par Girardin. 5e édit. 1 vol. in-16, avec 11 fig. 1 25

Fumier de ferme (*Le*) élevé à sa plus haute puissance de fertilisation et n'étant plus insalubre, par Quenard, propriétaire-agriculteur. 1 vol. in-18, 2e édit. 1 25

Géologie (*Manuel élémentaire de*), par Nérée Boubée. 1 vol. in-18. 2 50

Géologie appliquée aux arts et à l'agriculture, par d'Orbigny et Gente, 1 vol. in-8. 10 fr.

Gibier (*Art de multiplier le*), et de détruire les animaux nuisibles. In-12, 12 pl. gravées. 2 fr.

Grains (*Traité sur la vente des*) à la mesure, au poids de l'hectolitre, ou au quintal métrique, suivi de tableaux appréciateurs de la valeur des grains, suivant la variation de chaque qualité, terminé par un tableau comparateur du prix des grains au quintal métrique, etc., par Hubaine, in-4 2 50

Grains (*Guide des négociants en*), des minotiers, meuniers et boulangers, par L. Bax, fils aîné. In-8. 2 fr

Hygiène publique (*Précis d'*), ou notions élémentaires sur les moyens de conserver la santé, suivie d'application à la médecine usuelle, par Jules Lebèle. 1 vol. in-18. 1 50

Irrigations (*Petit traité des*), par James Donald, traduit par A. de Frarière, in-18 avec figures. 1 50

Irrigations (*Guide pratique pour les*), le drainage et la culture des oseraies, suivi des lois qui les concernent, par P.-J Brassart. In-18. 50 c.

Landes de Bretagne (*Mise en valeur des*) par le défrichement et par l'ensemencement en bois, par le général de Lourmel. In-8. 2 fr.

Lapins (*Guide de l'Éducateur de*) ou *Traité de la race cuniculine*, par Mariot-Didieux. In-18. 75 c.

Maison de campagne (*La nouvelle*), jardinage, économie de la maison, etc. 1 vol. in-18, cart. 3 »

Maison rustique du xixe siècle publiée sous la direction de MM. Bailly, Bixio et Malepeyre. 5 vol. in-4, avec 2500 gravures. 39 50

Chaque volume se vend séparément. 9 fr.

Maïs (*du*), de sa culture et des divers emplois dont il est susceptible, par Keene et A. de Thier. In-18. 30 c.

Maïs (*du*) ou blé de Turquie et des avantages qu'on pourrait tirer de sa culture en Normandie comme plante fourragère, par Prevost. In-12. 50 c.

Maladies charbonneuses (*Traité sur les*), comparées à la maladie de sang chez les animaux domestiques, par L. Gillet. In-8. 1 50

Manuel d'Horticulture et d'Agriculture, pour le département de la Gironde, publié sous les auspices des Sociétés d'Horticulture et d'Agriculture de la Gironde, par J.-C. Ramey. 1 vol. in-12. 1 75

Meunerie (*Traité pratique de la*), par E. J. Hanon, 1 vol. in-8. de 88 pag. 10 fr.

Meunier (*Le bon*), ou l'art de bien moudre, par J.-P. Moreau. Brochure in-8, 2e édit. 1 75

Mécanique agricole (*Traité complet de*), par J. Grandvoinnet, ingénieur, professeur de génie rural à Grignon. Ouvrage destiné aux élèves des écoles d'agriculture et des écoles normales primaires, aux fermiers, aux propriétaires et aux constructeurs d'instruments. — Cet ouvrage paraîtra simultanément en trois séries de la manière suivante :

PREMIÈRE SÉRIE.

1re *livraison.* — Du mouvement et de ses causes.
4e *livraison.* — Des charrues. — *Détails* et modèles divers.

DEUXIÈME SÉRIE.

2e *livraison.* — Des forces et de leur travail.
5e *livraison.* — Des instruments de division et de compression du sol. — Des instruments propres à la récolte : moissonneuses, charrettes, chariots, etc.

TROISIÈME SÉRIE.

3e *livraison.* — Mécanique matérielle : de l'assujettissement et des machines simples.
6e *livraison.* — Des instruments pour la préparation des récoltes : machines à battre, tarares, trieurs, coupes-racines, concasseurs.

La publication est faite ainsi dans le but d'allier la théorie à la pratique et de satisfaire à l'ordre de l'enseignement suivi à l'École impériale d'agriculture de Grignon.

Chaque série, non divisible, sera du prix de 3 fr. 50.

Moniteur Agricole, publié par M. Magne, professeur à l'école vétérinaire d'Alfort, pendant les années 1848, 49 et 50. — 5 vol. in-8o, avec un grand nombre de lithographies. 10 fr.

Mouches à Miel (*Traité sur les*), suivi des procédés pour faire le miel et la cire avec divers modèles de Ruches, par Bonnardel. In-8. 1 50

Moudre (*L'art de*), ou mémoire sur les moyens employés pour empêcher que la chaleur produite par la pression et le frottement des meules, soit préjudiciable à la farine. par A. Van Lerberghe. In-8. 1 50

Moutons (*Nouvel art d'élever, de multiplier et d'engraisser les*), par J. Morel. In-18. 50 c.

Mûrier (*De la culture du*), par Boyer et de Labaume. 1 vol. in-8, contenant 5 grav. représentant les divers modes de taille, et les mûriers avant et après chaque taille. 3 fr.

Mûriers (*Instruction sur la culture des*). In-18. 25 c.

Muscardine (*Études sur la*) maladie des Vers à Soie faites à la Magnanerie expérimentale de Sainte-Tulle, par F. Guérin-Meneville et Eugène Robert. 1 vol. in-8. 3 »

Oies (*La vraie manière d'élever, de multiplier et d'engraisser les*), par C.-L. Benoit. In-18. 50 c.

Oiseaux de basse-cour (*Manuel de l'éleveur d'*) et de **Lapins**, par Mme Millet-Robinet, 2e édit. 1 vol. in-12 avec gravures. 1 25

Paysans (*Les*) **français**, considérés sous le rapport économique, agricole, médical et administratif, par Anacharsis Combes, président du Comice agricole de Castres et Hippolyte Combes, docteur-médecin. 1 vol. in-8. 6 fr.

Pêcheur (*Le*) **Français**, Traité de la pêche à la ligne en eau douce, par C. Kresz aîné, in-12, 5e éd. 5 fr.

Pigeons de colombier et de volière (*Guide de l'éleveur de*), par Mariot-Didieux, in-18. 75 c.

Pisciculteur (*Guide du*), d'après des notes et documents fournis par J. Remy, pêcheur de la Bresse, recueillis, rédigés et publiés par le docteur Haxo. In-18, avec gravures. 1 50

Pisciculture. Rapport sur le repeuplement des cours d'eau et sur les travaux de pisciculture de M. Millet, suivi des *Études sur les Fécondations artificielles des œufs de poissons*, par MM. de Quatrefages et Millet. In-8. 1 25

Pisciculture (*Éléments de*) ou résumé des expériences faites au château de Maintenon, par Isidore Lamy. 1 vol. in-18, avec fig. 1 25

Planteur (*Manuel du*). Du reboisement, de sa nécessité et des méthodes pour l'opérer avec fruit et économie, par H. de Bazelaire. 1 vol. in-12. 1 25

Police rurale (*Manuel de*); ouvrage utile aux fonctionnaires publics et aux propriétaires, par Thiroux, 3e édit., 1 vol. in-18. 2 fr.

Pommes de Terre (*Culture et conservation des*). In-18. 25 c.

Pommes de Terre (*Maladie des*). Découverte des causes; révélations des moyens de remédier au mal, études sur la maladie, par Lefebvre. 1 vol. in-8. 2 50

Pommier à cidre (*Traité pratique de l'éducation et de la culture du*), par Prévost, professeur d'agriculture à Rouen, in-18. 40 c.

Porcs (*Guide de l'éleveur de*), par J. Allibert, professeur de zootechnie à Grignon. 1 vol. in-18 (*sous presse*). » »

Porcheries (*De l'établissement des*), dispositions diverses, construction, par J. Grandvoinnet, professeur de génie rural à Grignon. 1 vol. in-18, avec un grand nombre de figures dans le texte (*sous presse*). » »

Porcs (*Art d'élever, de multiplier et d'engraisser les*), par C. Bailly. In-18. 50 c.

Poules et Poulets (*Guide de l'éleveur de*), par J. Allibert, professeur de zootechnie à Grignon. 1 vol. in-18. » 75

Poules bonnes pondeuses (*Les*) reconnues au moyen de signes certains et indications pratiques pour faire des poulets et des volailles grasses, par L. Prangé, vétérinaire. 1 vol. in-12. 1 75

Poules (*Éducation lucrative des*) ou traité raisonné de Gallinoculture, par Mariot-Didieux, 2 vol. in-12. 4 fr.

Poules (*Instruction sur l'éducation des*), des poulets, des chapons et des poulardes. In-12. 25 c.

Poules (*Nouvel art d'élever les*), les poulets et les chapons, par P. Routillet. 3e édit. in-18. 50 c.

Prairies artificielles (*Essai sur les*), luzerne, trèfle ordinaire, trèfle printanier et sainfoin ou esparcette, par H. Machard, 1 v. in-18. 1 fr.

Prairies naturelles (*Instruction pratique sur la création des*), par Bossin, in-8. 75 c.

Propriétaire architecte, contenant des modèles de maisons de ville et de campagne, des remises, écuries, orangeries, serres, etc.; par U. VITRY, 2 vol. in-4, avec 100 grav. 20 fr.

Proverbes Agricoles du sud-ouest de la France, par ANACHARSIS COMBES. In-8. 1 25

Régulateur général et perpétuel des Boulangeries de France, par THIBAULT, ancien meunier. In-plano. 2 fr.

Ruche française et *éducation des abeilles*, par VAREMBEY. 1 vol. in-8, avec fig. 3 fr.

Sangsues (*De l'élève et de la multiplication des*), visite aux marais des environs de Bordeaux, par QUENARD. In-8. 75 c.

Sangsues. Notice sur le marais de Monsalut (Landes), par SOUBEIRAN, etc., etc. In-8. 75 c.

Sangsues (*Notice sur le marais à*) de Clairefontaine, par E. SOUBEIRAN. In-8. 75 c.

Sel (*Conseils pratiques aux Agriculteurs ou considérations sur les doses, le mode d'emploi et les effets du*), par QUENARD. In-8. 1 25

Sol (*Du morcellement du*), par TISSOT. 1 vol. in-8. 1 50

Sucre exotique (*Notice sur les améliorations à introduire dans la fabrication du*), par HOTESSIER. In-8. 1 50

Sucre (*Expériences relatives à la fabrication du*) et à la composition de la canne à sucre, par E. PELIGOT. In-8. 2 50

Système Guénon en forme de catéchisme, à l'usage des élèves des fermes-écoles, par ANACHARSIS COMBES, président du Comice agricole de Castres, in-18. 30 c.

Tableau indicatif des droits et devoirs des débitants de boissons dans leurs rapports avec la régie. In-plano. 75 c.

Tarif régulateur et perpétuel pour le commerce des blés et farines, par L. THIBAULT. In-8. 1 50

Taupier (*l'art du*), ou méthode amusante et infaillible pour prendre les taupes, par DRALET. 15e édit., 1 vol. in-12, fig. 1 fr.

Terres siliceuses (*Notions sur la culture des*), à sous-sol imperméable, vulgairement désignées par les noms de *terres blanches, de terres douces, de limons froids*, par CHARLES GOSSIN. Brochure in-8. 50 c.

Toisé et de la jauge (*Traité complet du mesurage, du*), indispensable aux commerçants et surtout aux négociants en vins, liqueurs, bois, charbons, etc. 1 vol. in-8, accompagné de 350 tables et 18 planches représentant 120 figures de géométrie, toisé ou jauge. 6 fr.

Trésor des laboureurs (*Le*), adages, maximes et proverbes agricoles, par CH. LEMAOUT, 1 vol. in-18. 1 50

Vaches laitières (*Art de choisir les*), par VILLET. In-28. 50 c.

Vaches laitières (*Art de gouverner les*), par VILLET. In-18. 50 c.

Vaches laitières (*Choix des*). Description de tous les signes à l'aide desquels on peut apprécier les qualités lactifères des vaches, par MAGNE. In-12. 2 fr.

Vaches laitières (*Des moyens de distinguer les bonnes*), par EVON. Brochure in-8, avec fig. 1 50

Végétaux (*Origine des maladies des*), particulièrement du pommier, de la vigne, de la pomme de terre, de la betterave, du colza, etc., et des animaux herbivores, suivi des moyens d'éviter ces maladies en prévenant par le drainage des terres la vaporisation des eaux corrompues dans le sol, par P. ALLIOT. In-8. 1 50

Végétaux (*Recherches sur les maladies des*) et particulièrement sur la maladie de la vigne, par Guérin-Méneville. In-8. 25 c.
Extrait de l'Agriculteur praticien.

Vers à soie (*Guide pratique de l'éducateur de*), par MM. Guérin-Méneville et Eugène Robert, directeur de la Magnanerie expérimentale de Ste-Tulle. 1 vol. in-18 avec figures (*sous presse*). » »

Vers à soie (*Conseils aux nouveaux éducateurs de*), par Frédéric de Boullenois. 1 vol. in-8, 2e édit. 3 50

Vers à soie (*Éducation des*), comprenant l'éclosion des œufs, l'éducation des vers à soie, la formation et la récolte des cocons, la conservation de la graine. 2 brochures in-12. 50 c.

Vers à soie (*Éducation des*). Tableau synoptique de toutes les opérations, jour par jour, de l'éducation des vers à soie, 2 pag. in-fol. 25 c.

Vers à soie (*Manière la plus profitable d'élever les*) et sur les moyens de prévenir et guérir la muscardine, par le docteur BASSI, traduit de l'italien, par F. Cazalis, médecin. In-8. 1 fr.

Vigne (*Étude de la maladie de la*), par E. Lapierre-Beaupré. in-12. 1 fr.

Vigne (*Observations sur la maladie de la*), par Marès. In-8. 1 fr.

Vignes (*La maladie des*). Notice contenant quelques observations au sujet d'un rapport à M. le ministre de l'intérieur sur les Vignes malades, par F. Guérin-Méneville. In-18. 75 c.

Vigne (*Étude sur la nouvelle phase de la maladie de la*), par Étienne Lapierre. In-18. 50 c.

Vigne (*Mémoire sur la maladie de la*) et sur le moyen curatif, par Pascal. In-8. 50 c.

Vigne (*Nouveau mode de culture et d'échalassement de la*), applicable à tous les vignobles où l'on cultive les vignes basses, par T. Colli-gnon, 1 vol. in-8, avec 3 pl. 3 fr.

Vigne (*Exposé pratique de la culture de la*) dans les jardins, suivi de l'abrégé de l'éducation pratique du pêcher en espalier sous la forme carrée, par Félix Malot, 1 vol. in-8, avec fig. 2 fr.

Vigne malade (*Guérison de la*), par un nouveau mode de culture, par l'abbé J.-B. Delpy. In-8. 2 fr.

Vigne (*Maladie de la*). In-8. 25 c.

Vins et eaux-de-vie (*Traité du négociant de*), suivi de l'art de faire les liqueurs, par C. Dornat, 1 vol. in-8, de 126 pages et 4 tableaux. 6 50

Vinification (*Traité pratique de*) ou guide des propriétaires, vignerons, négociants, etc., par H. Machard. 2e édit.. 1 vol. in-12. 2 fr.

Vins (*Art d'améliorer les*) et de les guérir des diverses maladies qui peuvent les affecter. In-12. 1 25

Visite à un véritable agriculteur praticien, par Durand-Savoyat, propriétaire-cultivateur. 1 vol. in-18. 1 25

Viticulture (*Premières notions de*) et d'œnologie dédiées à la jeunesse des écoles primaires dans les contrées viticoles, par Stoltz. In-18, accompagné de 19 pl. 90 c.

Zootechnie ou science qui traite du choix des animaux domestiques, de leur conservation, de leur rendement et des principales maladies dont ils peuvent être affectés, par Ch. Knoll aîné, vétérinaire, 2 vol. grand in-8, avec un grand nombre de gravures. 12 fr.

BIBLIOTHÈQUE DE L'HORTICULTEUR

ET DE L'AMATEUR.

OUVRAGES PUBLIÉS.

Arboriculture (*Pratique raisonnée de l'*), par PICOT-AMETTE, horticulteur. 1 vol. in-18, avec 12 planches. 2 50

Arbres fruitiers (*Instruction élémentaire sur la taille des*), par LACHAUME, ancien jardinier en chef de Petit-Bourg. 1 vol. in-18, orné de 20 figures dans le texte. » 75

Asperges (*Instruction pratique sur la plantation des*), par BOSSIN, 2e édition. 1 vol. in-18. » 75

Camellias (*Traité de la culture des*), par J. DE JONGHE, 2e édition. 1 vol. in-18. 1 25

JARDINAGE.

Almanach (*Petit*) du Jardinier-Fleuriste, pour 1855, 2e année. 1 vol. in-18. 50 c.

Almanach (*Petit*) du Jardinier-Potager, pour 1855. 2e année; 1 vol. in-18. 50 c.

Ce petit ouvrage a été couronné par la Société impériale d'Horticulture de la Seine-Inférieure

Arboriculture (*Cours élémentaire et pratique d'*) par A. DUBREUIL. 3e édit. 2 vol. in-18. 9 fr.

Arboriculture (*Cours pratique d'*), par L. GAUDRY. 1 vol. in-12 avec fig. 2 25

Arbres fruitiers (*Instruction élémentaire sur la conduite des*), par DUBRUEIL. 1 vol. in-18, fig. 2 »

Arbres fruitiers (*Cours théorique et pratique de la taille des*), par DALBRET. 8e édition. 1 vol. in-8 avec 55 fig. grav. 5 fr.

Arboriculture (*Pratique raisonnée de l'*), par PICOT-AMETTE, horticulteur. 1 vol. in-18, avec 12 planches. 2 50

Arbres fruitiers (*Instructions élémentaire sur la taille des*), par LACHAUME, ancien jardinier en chef de Petit-Bourg. 1 vol. in-18, orné de 20 figures dans le texte. » 75

Arbres fruitiers (*Instruction élémentaire sur la conduite et la taille des*), par CROUX. In-8 avec fig. 3 50

Le catalogue général et prix courant des arbres fruitiers, etc., de CROUX. 1 fr.

Arbres fruitiers (*Taille raisonnée des*) et autres opérations relatives à la culture, par C. BUTRET. 19e éd. 1853. In-12 fig. 2 fr.

Arbres fruitiers (*Pratique raisonnée de la taille des*) et de la vigne; par COSSONET. 1 vol. in-8 avec 21 planches. 5 fr.

Arbres fruitiers (*Taille raisonnée des*), suivi de la description des greffes les plus usitées, par J.-A. HARDY. 1 vol. in-8 avec fig. dans le texte. 5 50

Arbres (*Traité élémentaire de la taille des*), par Ch. Ramey, ouvrage couronné par la Société d'horticulture de la Gironde, 1 vol. in-12 orné de 32 fig. 1 f. 50 c.

Asperges (*Instructions pratique sur la plantation des*), par Bossin. 2e édition. 1 vol. in-18. 75 c.

Asperges (*Traité complet de la culture naturelle et artificielle des*), par Loisel. 1 vol. in-12. 1 25

Bon Jardinier (*le*), pour 1854, par Poiteau, Vilmorin, Decaisne, Neumann, Pépin. 1 vol. in-12. 7 fr.

Bon Jardinier (*Figures de l'Almanach du*), par Decaisne, et Hérincq, 47e éd. 632 grav. et 45 pl. 1 vol. in-12. 7 fr.

Botaniste (*Petit manuel du*) et de l'herboriste accompagné de planches explicatives et suivi de quelques principes de médecine, de pharmacie et d'économie domestique, par L. F., F. M. et P. M. 2e édit. 1 vol. In-12. 1 75

Boutures (*Notions sur l'art de faire les*), par Neumann. 3e édition. 1 vol. avec 31 figures 2 fr.

Broméliacées (*Traité de la culture des*), par J. de Jonghe, In-18 (*Sous presse.*)

Camellias (*Traité de la culture des*), par J. de Jonghe, 2e édit. 1 vol. in-18. 1 25

Camellias (*des genres*) **Rhododendrum Azalea, Acacia, Epacris, Erica**, et des plantes de serres froides en général, par Lemaire. 1 vol. in-12 2 fr.

Catalogue raisonné et précédé d'instructions sur la plantation, la taille des arbres fruitiers, arbustes et rosiers cultivés chez Jamain et Durand. In-4. 1 50

Champignons (*Traité pratique de la culture des*), par Salle, in-18. 1 fr.

Culture maraîchère (*Manuel pratique de*), par Courtois-Gérard, 2e édit. in-12, avec grav. 3 50

Fécondation naturelle et artificielle (*de la*) **des végétaux et de l'hybridation**, considérée dans ses rapports avec l'horticulture, l'agriculture et la sylviculture; par Lecoq. 1 vol. in-12. 3 50

Fleurs (*Album de*) annuelles et vivaces publié par livraisons, par Vilmorin-Andrieux. Prix de la liv. 4 fr.
5 liv. sont en vente. Chaque liv. se vend séparément.

Fleurs (*Instructions pour les semis de*), de pleine terre, avec l'indication de leur couleur, époque de floraison, culture, etc, par Vilmorin-Andrieux. 2e édit. in-16. 75 c.

Flore des plantes de pleine terre, ou descriptions et figures des plantes les plus méritantes en ce genre, par MM. Tollard frères, horticulteurs.

La *Flore des Plantes de pleine terre* sera publiée en 150 livraisons.
Chaque livraison sera composée de deux gravures et de huit pages de texte, grand in-8, à deux colonnes, imprimés sur papier glacé.
Le prix de la livraison est de 1 fr. 75 c. — Les 1res livr. sont en vente.

Flore d'Alsace et des contrées limitrophes, par F. Kirschleger. Tome 1er comprenant les *Plantes dicotyles pétalées*. 1 vol. in-18. 8 50

Fuchsia (*Le*), son histoire et sa culture, in-12. 1 25

Flore du Dauphiné, par Mutel, 2 édition, 3 vol. in-16. 13 25

Greffe (*Traité complet de la*), contenant la description de 135 espèces de greffes; par Louis Noisette. 1 vol. in-12, avec 6 planches. 2 50

Horticulteur français (*L'*), journal des amateurs et des intérêts horticoles, sous la direction de F. Hérincq.

L'Horticulteur français paraît le 1er de chaque mois, par livraison de 24 pages grand in-8. et de 2 pl. color.

Prix de l'abonnement :		Paris.	Province.
	Pour 1 an, fig. col.	10 f.	11 f.
	— sans fig.	5	6

Jardinage (*Manuel pratique de*), par Courtois-Gérard, 4e édit. 1 vol. in-12. 3 50

Jardinier (*Manuel complet du*) maraîcher, pépiniériste, botaniste, fleuriste et paysagiste; par Louis Noisette. 2e édit. 4 vol. in-8, et supplément. 30 fr.

Jardinier des fenêtres (*Le*), *des Appartements et des petits Jardins;* 3e édit., par Mme Millet-Robinet. 1 vol. in-12. 1 75

Jardins (*Traité de la composition et de l'ornement des*), avec 161 pl. représentant, en plus de 600 fig. des plans de jardins des fabriques propres à leur décoration, et des machines pour élever les eaux. 5e édit. 2 vol. in-4, oblong. 25 fr.

Légumes (*Album de*), publié par livraisons, par Vilmorin-Andrieux. Prix de la livraison. 3 fr.

5 liv. sont en vente. Chaque liv. se vend séparément.

Melon (*Monographie complète du*), par Jacquin aîné. 1 vol. gr. in-8, avec 33 pl. grav. fig. noires. 7 50. — Figures coloriées. 15 fr.

Melons (*Traité complet de la culture des*), par Loisel. 3e édit. 1 vol. in-12. 1 25

Œillets (*Traité de la culture des*), par Ragonot-Godefroy. In-12 fig. 2e édit. 1 25

Pelargonium (*Traité de la culture du*), par J. de Jonghe, 2e édit. (*Sous presse*).

Pelargoniums (*Traité complet de la culture des*), des Calcéolaires, des Verveines et des Cinéraires, par Chauvière et Lemaire. 1 vol. in-18. 2 50

Pêcher (*Annuaire du*), par J. Grosset. Brochure in-32. 75 c.

Pêcher en espalier carré (*Pratique raisonnée de la taille du*), par Al. Lepère. 1 vol. in-8, fig. 4 fr.

Pensée (*La*), **la Violette, l'Auricule** ou oreille d'Ours, **la Primevère.** Histoire et culture, par Ragonot-Godefroy. 1 vol. in-18, avec fig. col. 2 fr.

Plantes bulbeuses (*Essai sur la culture générale des*), par Lemaire. 1 vol. in-18. 3 50

Plantes de terre de bruyère (*Traité pratique pour la culture des*), par V. Paquet. 1 vol. in-18. 3 50

Poirier (*Taille du*) **et du Pommier** en fuseau, par Choppin. 1 vol. in-8, fig. 4e édition. 3 fr.

Poiriers (*Traité spécial de la taille des*) en quenouilles rangés en 3 catég. selon les espèces et leur fécondité, par Lasnier, in-8, avec pl. 1 fr.

Pomone française (*La*), Traité de la culture et de la taille des arbres fruitiers; suivi d'un traité de physiologie végétale, par Lelieur, 3e édition. 1 vol. in-8 et 15 planches gravées. 7 50

Reine-Marguerite (*Culture de la*), par Malingre, horticulteur. Brochure in-18. 30 c.

Rose (*La*), histoire, culture, poésie, par P.-L.-A. Loiseleur-Deslongchamps. 1 vol. in-12, fig. 3 50

Serres (*Art de construire et de gouverner les*), par Neumann, chef des serres au Jardin des Plantes. 2e édit. 1 vol. in-4, avec 23 planches gravées. 7 fr.

Thermosiphon (*Pratique de l'art de chauffer par le*) avec un article sur le **Calorifère à air chaud**, par A***. 1 vol. in-4, avec 21 pl. grav. 6 fr.

PUBLICATIONS DIVERSES.

Les abonnements à ces publications sont reçus à la Librairie centrale d'Agriculture, etc.

Belgique horticole (*la*) Journal des Jardins, des serres et des vergers, par C. MORREN, 2e année, publiée par livraisons mensuelles de 2 feuilles in-8 et 2 gravures coloriées. Prix de l'abonnement. 16 50

Camellias (*Nouvelle Iconographie des*), contenant les figures et la description des plus rares, des plus nouvelles et des plus belles variétés de ce genre, par A. VERSCHAFFELT, horticulteur. 12 livraisons par an. Prix de l'abonnement. 26 fr.

Flore des serres et des jardins de l'Europe. Description et figures des plantes les plus rares et les plus méritantes, nouvellement introduites sur le continent ou en Angleterre, paraissant tous les mois en un cahier grand in-8 composé de dix planches coloriées et de 32 pages de texte avec gravures sur bois. Ouvrage publié sous la direction de L. VAN HOUTTE. — Prix de l'abonnement. 38 fr.

Journal d'Agriculture pratique d'économie forestière, d'économie rurale et d'éducation des animaux domestiques du Royaume de Belgique, par CH. MORREN. 6e année, publiée par livraisons mensuelles avec pl. col. portraits et grav. dans le texte. Prix de l'abonnement. 15 fr.

Pomologie (*Annales de*) publiées par livraisons de planches grand in-8 avec texte, rédigées par MM. DE BAVAY, BIVORT, etc. — Prix de l'abonnement, pour 12 livraisons, rendues franc de port :

édition sur papier ordinaire	26 fr.
— grand papier	38

Bulletin mensuel de la Société zoologique d'acclimatation, fondée le 10 février 1854. Ce bulletin paraît à la fin de chaque mois. Prix de l'abonnement pour l'année :

Paris.	12 fr.
Départements.	14

Les abonnements commencent au mois de mars de chaque année.

Le petit Poucet, *journal des enfants*, paraissant tous les mois, illustré de jolies gravures sur bois et orné d'images ou dessins explicatifs coloriés; petites modes pour les enfants, broderies, tapisseries, uniformes des armées françaises et étrangères. Prix de l'abonnement :

Départements et Paris 5 fr.

Les abonnements datent du 1er janvier de chaque année.

Le Mans. — Imp. de Julien, Lanier et C.

www.ingramcontent.com/pod-product-compliance
Ingram Content Group UK Ltd.
Pitfield, Milton Keynes, MK11 3LW, UK
UKHW012023240726
13965UKWH00002B/536

9 782013 616102